风力发电职业技能鉴定教材

风力发电机组维修保养工——初级

《风力发电职业技能鉴定教材》编写委员会　组织编写

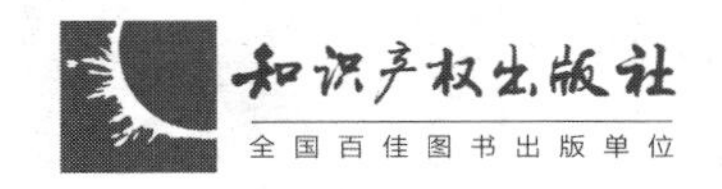

图书在版编目（CIP）数据

风力发电机组维修保养工：初级/《风力发电职业技能鉴定教材》编写委员会组织编写.
—北京：知识产权出版社，2016.6

风力发电职业技能鉴定教材

ISBN 978-7-5130-3909-3

Ⅰ.①风… Ⅱ.①风… Ⅲ.①风力发电机—发电机组—维修 Ⅳ.①TM315

中国版本图书馆 CIP 数据核字（2015）第 273066 号

内容提要

本书介绍了维修保养工所需具备的基础安全知识和工器具操作技能，再从机械和电气两部分，分别阐述风力发电机组的理论知识和维修保养内容。本书遵循国际和国家标准，涵盖不同种类机型，结合现场的工作经验，将理论与实际操作相结合，体现了风力发电机维修和保养的系统性和完整性。

本书可作为风力发电机组维修保养工入门级培训教材使用，也可供有关科研和工程技术人员参考。

策划编辑：刘晓庆

责任编辑：刘晓庆　于晓菲　　　　**责任出版**：卢运霞

风力发电职业技能鉴定教材

风力发电机组维修保养工——初级

FENGLI FADIAN JIZU WEIXIU BAOYANGGONG——CHUJI

《风力发电职业技能鉴定教材》编写委员会　组织编写

出版发行：知识产权出版社有限责任公司
网　　址：http://www.ipph.cn
http://www.laichushu.com
电　　话：010-82004826
社　　址：北京市海淀区西外太平庄 55 号
邮　　编：100081
责编电话：010-82000860 转 8363
责编邮箱：yuxiaofei@cnipr.com
发行电话：010-82000860 转 8101/8029
发行传真：010-82000893/82003279
印　　刷：北京嘉恒彩色印刷有限责任公司
经　　销：各大网上书店、新华书店及相关专业书店
开　　本：787mm×1000mm　1/16
印　　张：13
版　　次：2016 年 6 月第 1 版
印　　次：2016 年 6 月第 1 次印刷
字　　数：197 千字
定　　价：48.00 元

ISBN 978-7-5130-3909-3

《风力发电职业技能鉴定教材》编写委员会

委员会名单

主　任　武　钢

副主任　郭振岩　方晓燕　李　飞　卢琛钰

委　员　郭丽平　果　岩　庄建新　宁巧珍　王　瑞
潘振云　王　旭　乔　鑫　李永生　于晓飞
王大伟　孙　伟　程　伟　范瑞建　肖明明

本书编写委员　范瑞建

序 言

近年来，我国风力发电产业发展迅速。自 2010 年年底至今，风力发电总装机容量连续 5 年位居世界第一，风力发电机组关键技术日趋成熟，风力发电整机制造企业已基本掌握兆瓦级风力发电机组关键技术，形成了覆盖风力发电场勘测、设计、施工、安装、运行、维护、管理，以及风力发电机组研发、制造等方面的全产业链条。目前，风力发电机组研发专业人员、高级管理人员、制造专业人员和高级技工等人才储备不足，尚未能满足我国风力发电产业发展的需求。

对此，中国电器工业协会委托下属风力发电电器设备分会开展了技术创新、质量提升、标准研究、职业培训等方面工作。其中，对于风力发电机组制造工专业人员的培养和鉴定方面，开展了如下工作：

2012 年 8 月起，中国电器工业协会风力发电电器设备分会组织开展风力发电机组制造工领域职业标准、考评大纲、试题库和培训教材等方面的编制工作。

2012 年年底，中国电器工业协会风力发电电器设备分会组织风力发电行业相关专家，研究并提出了“风力发电机组电气装调工”“风力发电机组机械装调工”“风力发电机组维修保养工”“风力发电机组叶片成型工”共四个风力发电机组制造工职业工种需求，并将其纳入《中华人民共和国职业分类大典（2015版）》。

2014 年 12 月初，由中国电器工业协会风力发电电器设备分会与金风大学联合承办了“机械行业职业技能鉴定风力发电北京点”，双方联合牵头开展了风力发电机组制造工相关国家职业技能标准的编制工作，并依据标准，组织了本套教材的编写。

希望本教材的出版，能够帮助风力发电制造企业、大专院校等，在培养风力发电机组制造工方面，提供一定的帮助和指导。

中国电器工业协会

前　言

为促进风力发电行业职业技能鉴定点的规范化运作，推动风力发电行业职业培训与职业技能鉴定工作的有效开展，大力培养更多的专业风力发电人才，中国电器工业协会风力发电电器设备分会与金风大学在合作筹建风力发电行业职业技能鉴定点的基础上，共同组织完成了风力发电机组维修保养工、风力发电机组电器装调工和风力发电机组机械装调工，三个工种不同级别的风力发电行业职业技能鉴定系列培训教材。

本套教材是以“以职业活动为导向，以职业技能为核心”为指导思想，突出职业培训特色，以鉴定人员能够“易懂、易学、易用”为基本原则，力求通俗易懂、理论联系实际，体现了实用性和可操作性。在结构上，教材针对风力发电行业三个特有职业领域，分为初级、中级和高级三个级别，按照模块化的方式进行编写。《风力发电机组维修保养工》涵盖风力发电机组维修保养中各种维修工具的辨识、使用方法、风机零部件结构、运行原理、故障检查，故障维修，以及安全事项等内容。《风力发电机组电气装调工》涵盖风力发电机电器装配工具辨识、工具使用方法、偏航变桨系统装配、冷却控制系统装配，以及装配注意事项和安全等内容。《风力发电机组机械装调工》涵盖风力发电机组各机械结构部件的辨识与装配，如机舱、轮毂、变桨系统、传动链、联轴器、制动器、液压站、齿轮箱等部件。每本教材的编写涵盖了风力发电行业相关职业标准的基本要求，各职业技能部分的章对应该职业标准中的“职业功能”，节对应标准中的“工作内容”，节中阐述的内容对应标准中的“技能要求”和“相关知识”。本套教材既注重理论又充分联系实际，应用了大量真实的操作图片及操作流程案例，方便读者直观学习，快速辨识各个部件，掌握风机相关工种的操作流程及操作方法，解决实际工作中的问题。本套教材可作为风力发电行业相关从业人员参加等级培训、职业技能鉴定使用，也可作为有关技术人员自学的参考用书。

本套教材的编写得到了风力发电行业骨干企业金风科技的大力支持。金风科技内部各相关岗位技术专家承担了整体教材的编写工作，金风科技相关技术专家对全书进行了审阅。中国电器协会风力发电电器设备分会的专家对全书组织了集中审稿，并提供了大量的帮助，知识产权出版社策划编辑对书籍编写、组稿给予了极大的支持。借此一隅，向所有为本书的编写、审核、编辑、出版提供帮助与支持的工作人员表示感谢！

由于时间仓促，编写过程中难免有疏漏和不足之处，欢迎广大读者和专家提出宝贵意见和建议。

《风力发电职业技能鉴定教材》编写委员会

目　录

第一章　维修保养工基本要求

学习目的：

1. 了解初级维修保养工所需具备的基本技能和要求。
2. 能够正确使用安全用具，并掌握基本安全知识。
3. 了解常用的工具种类和名称，熟练掌握常用工具的使用方法。

第一节　维修保养工资质和能力要求

在风力发电机机组中进行有关工作，维修保养工必须遵守风电场的安全规程。

只有经过技能培训，并且考试达到合格要求的维护保养工才可以对风力发电机组进行操作和维护工作。为此，维修保养工应接受技术培训，学习业务知识，了解工作要求，总结先进的工作经验，才能完成工作任务，维修保养工的资质和能力要求如下。

（1）经过塔架攀爬训练及紧急逃生培训，并且成绩合格。

（2）未取得初级维修保养工资质或已取得但不满 3 个月的人员，工作期间应与一位有经验的工程师共同维护。

（3）每项风力发电机组工作至少应由两名维修保养工共同完成。

（4）熟悉风力发电机组的工作原理，以及各个系统的结构组成等。

除熟悉机组设备外，维修保养工还应具备下列知识。

（1）能够正确使用防护设备。

（2）能够正确使用安全设备。

（3）熟知风力发电机组操作步骤及要求。

（4）熟悉常用、特殊工具的正确操作方法，以及通信工具的正确操作方法。

（5）熟知急救知识和技巧。

只有具备以上知识和技能的人员，方可进入风力发电机开展各项维护保养工作。

第二节　基本安全知识

为防止发生各类事故，必须遵守风电场基本安全规程。

（1）遵守国家和当地有关职业健康安全、法律法规、作业指导手册等的要求。

（2）维修保养工应经过安全培训并达到合格。

（3）在攀爬风机前，必须先使风力发电机组正常停机；所有人员进入或离开风机时必须报告现场工作负责人。

（4）所有人员必须佩戴个人防护设备（PPE）。

（5）严禁工作人员在工作时间、工作区域内有嬉戏、打闹等不安全行为。

（6）饮酒、使用违禁毒品或药品的人员不允许进入风力发电机组内；不允许工作人员在现场饮酒、使用违禁毒品或药品。

（7）应遵守当地牧场、林区等相关部门关于防火安全的规定要求。

（8）严禁在工作区域内吸烟；严禁在指定的工作区域内使用明火；严禁在风电场焚烧任何废弃物。

（9）执行明火操作时，应配备灭火器并采取适当的预防火灾措施。熟悉灭火器的放置位置及使用方法。

（10）维修保养工应至少两人一组，每人应携带移动或无线通信装置进入现场。

（11）现场的每个人必须首先关心自身安全。

（12）冬季或雨雪天气，清除梯子上及脚底的冰雪后，方可进入塔架；攀爬塔架时应时刻注意防滑；注意个人保暖，应佩戴棉质手套，做好腰部防护，避免背部、腰部长期紧贴冰冷部件。

（13）在风机启动前，应确保所有人员已全部离开机舱并到达地面。

（14）进入现场前，必须了解可能存在的危险及可能发生危险的区域。这种危险可能来自野兽、昆虫、野生植物或飓风、流沙、雪崩、洪水、泥石流及其他灾害；必须熟记面临危险时应采取的正确举措。

（15）严禁在如狂风、雷电等恶劣天气下作业。

（16）在对带电部件维护之前，应先使风力发电机组处于断电状态，并防止带电器件的意外接通。确保主电源开关断开、控制系统电源断开，并防止其意外接通。操作标准为：

①断开开关。

②确保其不会意外接通。

③使用验电工具验电。

④检查接地，装设接地线，确认是否存在短路。

⑤对靠近工作区的带电器件进行隔离，并在工作区悬挂标识牌和装设栅拦。

⑥检查接线连接良好，绝缘无受损。

⑦在对电容器件维护前，应确保其充分放电，如电压在正常范围内才可开展工作。

⑧确保电工工具绝缘良好。

（17）在对液压部件维护之前，应首先将其系统压力泄压。不得对带有压力的部件进行拆卸、安装维护。

（18）穿戴适当工作服和防油手套，避免皮肤接触。

第三节　攀爬风机注意事项

攀爬风机时，有如下注意事项。

（1）在维修风机前，应打开塔架及机舱内的照明灯，保证攀爬过程中有充足的照明。

（2）在停机操作后，应将主控制柜的“维护开关”拨至“维护”状态，断开遥控操作功能。当离开风机时，应将“维护开关”拔至“正常”状态。

（3）在攀登风机塔架时，要佩戴安全帽、穿好安全衣，并将防坠落安全锁扣安装在导轨（或钢丝绳）上，穿上工作鞋。

（4）将工具、备件等放进工具包内，确保工具包无破损。在攀登时，工具包应挂在安全带上或者确认背好，防止攀爬中掉落。

（5）在攀登塔架时，应平稳攀登。如果中途体力不支，可在中途平台休息后继续攀登。

（6）通过每层塔架平台后，须立即将该层塔架平台盖板关闭。

（7）攀登塔架时，没有携带工具的人员应先行，携带工具的工作人员随后，携带较重工具的工作人员应在最后。

（8）进入机组内，必须戴安全帽。

（9）在攀爬之前，必须非常熟悉安全设备的使用方法。应遵守安全设备的使用指南，并留意其失效日期。安全带在使用前必须进行安全检测。对防坠落锁扣也须进行检查。在攀爬前靠近地面位置应进行悬挂试验，确保防坠落锁扣功能正常。

（10）在攀爬风机塔架时，每次只允许一人攀爬。另一人须等待前一人爬至上平台并盖上盖板后，才可以攀爬。

（11）禁止在雷雨天气或在安全梯结冰的情况下攀爬塔架。

（12）每次在攀爬塔架前，应检查梯子、平台，机舱底板是否有油污、水、冰等，须先将其清洗干净后才可继续使用。

（13）爬梯上两人站立的间隔应大于 6 m，以防止超出爬梯的最大承受重量。

（14）机舱内一般应配有急救箱，用于轻伤的处理。

第四节　风力发电机组中的机械危险

风力发电机组中，可能存在如下机械危险，其注意事项如下所示。

（1）工作人员从事转动设备作业时，必须将长发或发辫盘卷在工作帽内，禁止衣服松散或佩带饰物，防止被卷入旋转部件的危险。

（2）风力发电机组内使用的润滑剂，如齿轮油、液压油等，以及冷却系统的防冻液都具有侵蚀性，应避免皮肤长期接触。

（3）在吊物孔处工作时，容易发生从机舱坠落的危险。在该处工作时，应穿安全衣、挂安全绳，并把安全绳挂钩固定在牢固部位。

（4）进入机舱后，应将机舱底部盖板盖严，防止坠物。

（5）在风力发电机组内部和外部都存在有物体掉落被砸伤的危险。严禁高空抛物，严禁在风机周围长时间停留。

（6）对于布局及空间狭小的机舱，工作移动时须小心跌伤、碰伤。

（7）发现机舱及轮毂内存在油污，应立即清除，以免跌伤。

第五节　风力发电机组中的电气危险

在风力发电机组中，可能存在如下电气危险。其注意事项如下所示。

（1）在对任何带电部件操作前，须确认部件处于断电状态。只有在使用验电工具确认电器不带电时，方可工作。对于部分停电的工作必须做好带电设备的标识，并做好隔离措施。如必须在带电的设备上工作时，必须佩戴绝缘手套和使用相关安全工具。

（2）系统的电气接线必须牢固可靠，防止出现过载现象。不良连接和损坏的电缆要立即拆除。

（3）只能使用符合规定电流值的保险。

（4）辅助设备和工具必须绝缘，每次使用前要对其进行检查。

（5）电气设备的带电部件和在带电条件下工作的材料，只能在下列情况下才可以工作。

①工作位置接触的安全电压应小于 24 V（AC）；

②工作位置的短路电流总计应小于 3 mA（AC 有效值）或 12 mA（DC）。

第六节　自然环境危险

在有危险的自然环境中工作时，注意事项如下所示。

（1）在雷雨天气时，不允许靠近风力发电机组。风力发电机组遭雷击后两小时内禁止靠近风机。

（2）当发生雷雨时，如果人员位于塔架或机舱中，应立即爬下塔架迅速离开。

（3）在风速≥12 m/s 时，请勿在叶轮上工作。

（4）在风速≥18 m/s 时，请勿在机舱内工作。

（5）在雨雪天气攀爬塔架时，应注意做好防滑措施。

（6）遇到强对流天气和台风时，应使机组远程停机。

（7）如果在风力发电机组工作时发生地震，人员应立即远离机组。

（8）发现叶片有结冰现象时，应立即远程停机，并禁止人员靠近风机。待叶片结冰融化后，方能启动机组。

（9）当风力发电机组发生飞车时，人员应立即离开风力发电机组，并切断所有电源，不能在风力发电机组附近地区滞留。

（10）如果必须从地面上检查一台正在运行的风力发电机组，人员应站在风力发电机组的上风向。

第七节　劳动防护设备与安全标识

维修保养工需要接受相关设备安全使用的培训。在日常维护中，人员需准备的基本装备包括：安全带（安全衣）、安全绳、防坠落装置、安全帽、头灯、工作服、手套、工作鞋等。

（一）安全带和安全绳

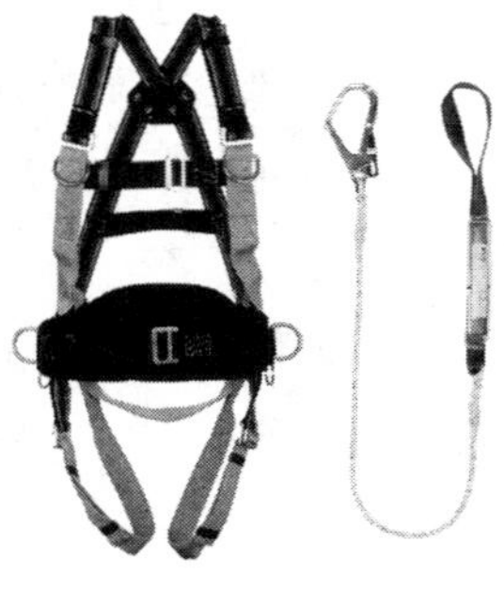

安全带是防止高处作业人员发生坠落，或发生坠落后将作业人员安全悬挂的个体防护装备，见图 1-1。应按照下面介绍的使用说明正确穿戴和使用。

图 1-1　安全带和安全绳

（1）检查安全带。握住安全带背部衬垫的 D 型环扣，抖动安全带，使所有的部件回到原位。如果胸带、腿带或腰带被扣在一起，需要松开带扣。

（2）穿戴安全带。将安全带滑过手臂至双肩。保证所有织带没有缠结，自由悬挂。让 D 型环处于后背两肩中间位置。

（3）腿部穿戴。将腿带与臀部两边织带上的搭扣连接，将多余长度的织带穿入带夹中。

（4）胸部织带。将胸带通过穿套式搭扣连接在一起，多余长度的织带穿入带夹，防止松脱。

（5）调整安全带。搭扣连接后，收紧所有带子，让安全带紧贴身体，但又要不影响活动，将多余的带子穿到带夹中防止松脱。

安全绳有带缓冲功能的缓冲系绳和不带缓冲功能的限位系绳之分。一般均由高强度、耐久性好的尼龙绳和拉断力大的镀锌钢脚手架挂钩和安全钩组成。缓冲部分使用集成的能量缓冲包可降低坠落时产生的冲击力。

（二）防坠落装置

防坠落装置（或称防坠落器）由安装在爬梯上的安全导轨和导轨上的滑行装置组成。借助减震器和安全锁扣将滑行装置系在安全带上。在爬梯过程中，一旦发生意外坠落，滑行装置将自动锁在安全导轨上以防坠落，见图 1–2。

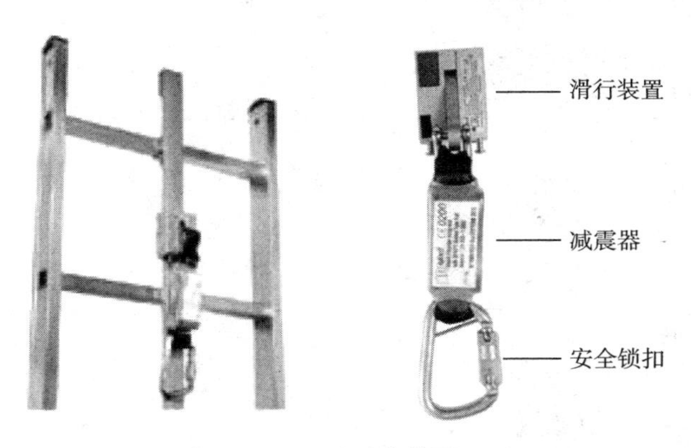

图 1–2　防坠落装置

防坠落装置的使用方法如下。

（1）按下左侧底部的钢制旋塞，打开滑行装置，将滑行装置向两边拉开分离。将滑行装置的左右边放入各自对应的安全导轨内。

（2）提起制动杆，滑行装置倾斜，使滑行装置的两边围住安全导轨的每一边。

（3）将滑行装置的左右两部分压在一起，使左边底部的钢质旋塞锁弹回到原来的位置，锁住滑行装置。

（三）安全标识及标识牌

风力发电机组须根据具体部位的风险特性设置禁止类、警告类、指令类和提示类标识。安全标识是向工作人员警示工作场所或周围环境的危险状况，指导人员采取合理行为。安全标识能够提醒工作人员预防危险，从而避免事故发生；当危险发生时，安全标识能够指示人们尽快逃离，或者指示人们采取正确、有效、得力的措施，对危害加以遏制。

风力发电机组使用的部分安全标识分类举例，见表 1-1 至表 1-5。

表 1-1　禁止类标识

标识名称	图示	标识名称	图示
禁止入内	禁止入内 No entering	禁止佩戴心脏起搏器者靠近	
禁止吸烟	禁止吸烟 No smoking	禁止抛物	禁止抛物 No tossing
禁止合闸	禁止合闸 No switching on		

表 1-2　警告类标识

标识名称	图示	标识名称	图示
当心落物		当心坠落	
当心跌落		当心触电	

表 1-3　指令类标识

标识名称	图示	标识名称	图示
必须戴安全帽		必须系安全带	
必须穿防护鞋		必须系安全绳	

表 1-4　提示类标识

标识名称	图示	标识名称	图示
紧急逃生装置		急救药箱	

续表

标识名称	图示	标识名称	图示
向下逃离		向左逃离	
向上逃离		安全绳挂点	
紧急出口仅限使用逃生装置者			

表 1–5　防火标识

标识名称	图示
灭火器	

第八节　常用维护工具

一、旋具的分类及使用

螺钉旋具又称起子、改锥和螺丝刀，它是一种紧固和拆卸螺钉的工具。螺钉旋具的样式和规格很多，常用的有一字型螺钉旋具、十字型螺钉旋具、内六角螺钉旋具、内六花螺钉旋具。

（一）一字型螺钉旋具

一字型螺钉旋具用于紧固或拆卸一字槽螺钉、木螺钉，见图 1–3。

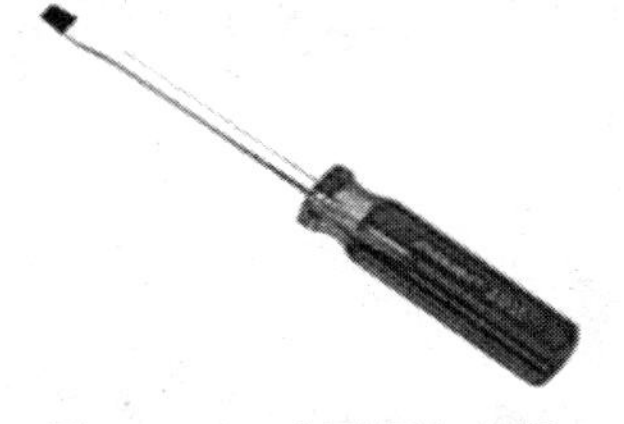

图 1-3　一字型螺钉旋具

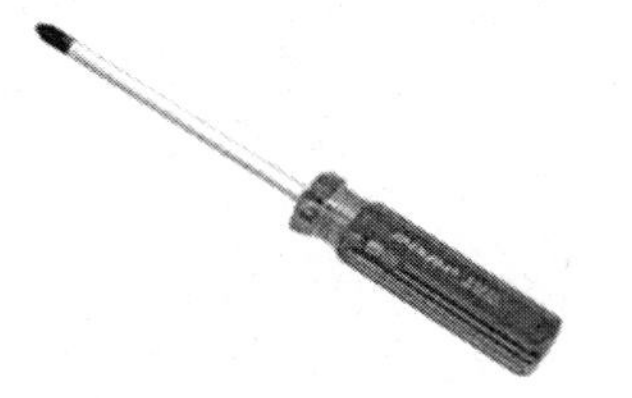

图 1-4　十字型螺钉旋具

（二）十字型螺钉旋具

十字型螺钉旋具用于拆装十字槽螺钉，见图 1-4。

（三）使用注意事项

（1）螺钉旋具在使用时应根据螺钉槽选择合适的类型和规格，旋具的工作部分必须与槽型、槽口相匹配，防止破坏槽口。

（2）普通型旋具端部不能用手锤敲击，不能把旋具当凿子、撬杠或其他工具使用。

（3）使用旋具紧固或拆卸带电的螺钉时，手不得触及螺丝刀的金属杆，以免发生触电事故。

（4）为了防止螺钉旋具的金属杆触及皮肤或邻近带电体，可在金属杆上套上绝缘管。

（5）电工不可以使用金属杆直通柄顶的螺钉旋具，否则容易造成触电事故。

二、扳手的分类及使用

扳手主要用来扳动一定范围尺寸的螺栓、螺母，启闭阀类，安装、拆卸杆类丝扣等。常用的扳手有：呆扳手、梅花扳手、两用扳手、活扳手、内六角扳手、套筒扳手、钩形扳手、棘轮扳手、“F”扳手等。

（一）呆扳手

呆扳手又称开口扳手，在扭矩较大时，可与手锤配合使用。呆扳手又可分为单头呆扳手和双头呆扳手两种，见图 1-5 和图 1-6。呆扳手用于紧固或拆卸某一种固定规格的六角头或方头螺栓、螺钉或螺母。

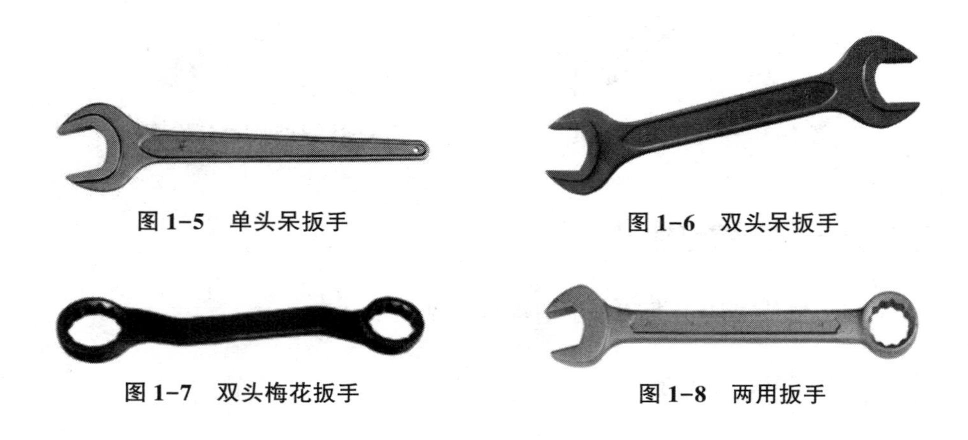

图 1-5　单头呆扳手

图 1-6　双头呆扳手

图 1-7　双头梅花扳手

图 1-8　两用扳手

（二）梅花扳手

梅花扳手的作用与呆扳手相似，可分为单头梅花扳手和双头梅花扳手两种。单头梅花扳手仅适用于紧固或拆卸一种规格的内六角螺栓或螺母，见图 1-7。

梅花扳手两端呈花环状，其内孔是由 2 个正六边形相互同心错开 30°而成。很多梅花扳手都有弯头，常见的弯头角度在 10°～45°。从侧面看，旋转螺栓部分和手柄部分是错开的。这种结构方便拆卸装配在凹陷空间的螺栓或螺母，并可以为手指提供操作间隙，以防止手指擦伤。在补充拧紧和类似操作中，可以使用梅花扳手对螺栓或螺母施加大扭矩。梅花扳手有各种大小，使用时，要选择与螺栓或螺母大小对应的扳手。因为扳手钳口是双六角形的，可以轻松地装配螺栓或螺母。它可以在一个有限空间内重新安装。

在使用梅花扳手时，左手推住梅花扳手与螺栓的连接处，保持梅花扳手与螺栓完全配合，防止滑脱；右手握住梅花扳手另一端并加力。梅花扳手可将螺栓、螺母的头部全部包裹，因此用力时不易损坏螺栓角。

（三）两用扳手

两用扳手的一头与单头呆扳手相同，另一端与梅花扳手相同，两端适用于紧固或拆卸相同规格的螺栓、螺钉和螺母（见图 1-8）。

（四）敲击扳手

敲击扳手是由 45 号中碳钢或 40Cr 钢整体锻造而成，是一类重要的手动扳手，一般是指手持端为敲击端，前端为工作端。主要包括敲击梅花扳手和敲击呆扳手两种。

敲击扳手的主要用途为紧固、拆卸扭矩较大的螺栓或螺母。敲击扳手具有抗打击能力强、不易折断、牢固耐用、使用保管方便等特点。

使用方法：将扳手平放在螺栓或螺母上卡好，敲击扳手另一端。也可以用钢管加长力臂或进行敲击、锤击，轻松拧紧或拆卸大型螺母。在风力发电机组中，主要在高强度螺栓拆卸安装上使用，见图 1-9。

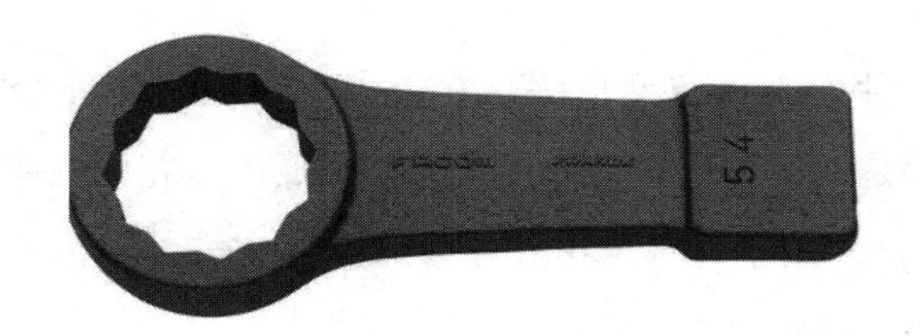

图 1-9　敲击扳手

（五）活扳手

活扳手的开口宽度可以调节，可用于拆装一定尺寸范围的六角或方头螺栓、螺钉和螺母，见图 1-10。

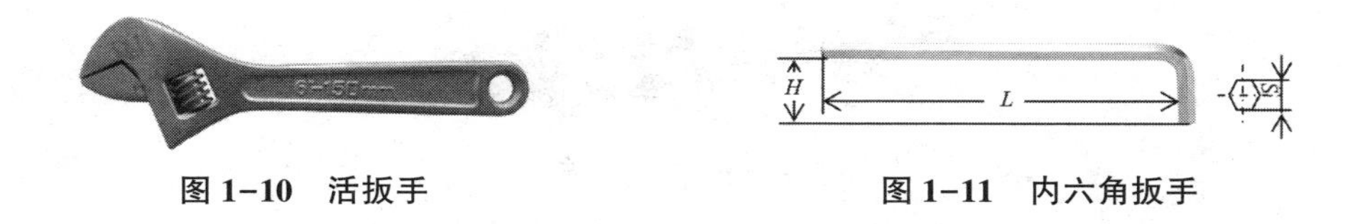

图 1-10　活扳手　　图 1-11　内六角扳手

（六）内六角扳手

内六角扳手专门用于拆装各种内六角螺钉，见图 1-11。扭矩施加对螺丝的作用力降低了使用者的用力强度。在安装工具中，内六角扳手也较为常用。

内六角扳手之所以成为工业制造业中不可或缺的得力工具，关键在于它本身所具有的以下独特之处和诸多优点。

（1）结构简单且轻巧。

（2）内六角螺丝与扳手之间有六个接触面，受力充分且不容易损坏。

（3）可以用来拧深孔中螺丝。

（4）扳手的直径和长度决定了它的扭转力。

（5）可以用来拧较小的螺丝。

（6）容易制造，成本低廉。

（7）扳手的两端均可以使用。

内六角规格有：1.5、2、2.5、3、4、5、6、8、10、12、14、17、19、22、27。

另外，还由一种内六角花型扳手，它与内六角扳手功能相似。不同之处在于，内六花型扳手是一种用以转动凹槽螺丝切面成内六花的扳手，它的形状呈星形（也像梅花形），多用于内六角花形螺钉的拆卸和安装。内六角花型扳手规格有T30、T40、T50、T55、T60、T80。

（七）棘轮扳手

棘轮扳手是利用棘轮机构，可在旋转角度较小的工作场合进行操作。棘轮扳手需要与方榫尺寸相应的套筒配合使用，旋转方向既可正向也可反向，见图1–12和图1–13。

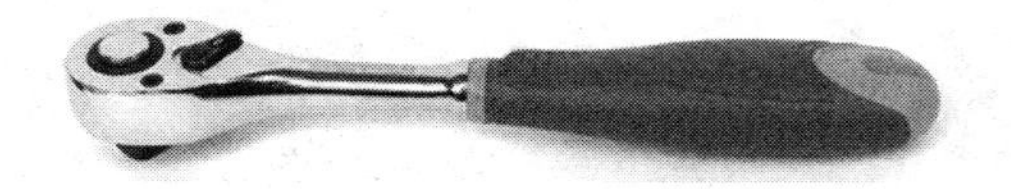

图1–12　棘轮扳手

图 1-13　常用套筒

这种扳手摆动的角度小，能拧紧和旋松螺钉或螺母。拧紧时，作顺时针转动手柄。方形的套筒上装有一只撑杆，当手柄向反方向扳回时，撑杆在棘轮齿的斜面中滑出，因而螺钉或螺母不会跟随反转。如需松开螺钉或螺母，只需翻转棘轮扳手朝逆时针方向转动。

棘轮扳手通过往复摆动手动扳转螺母，方便快捷，省力省时，可以进行松卸和紧装，适用性强，可以方便地调整使用角度。

（八）扭力扳手

扭力扳手又称为扭矩扳手或力矩扳手，分为普通表盘式和预调式。表盘式在扭紧时可以显示扭矩数值。凡是对螺栓、螺母的扭矩有明确规定的装配工作，会用力矩扳手紧固。它同棘轮扳手操作相似，也需要与方榫尺寸相应的套筒配合使用。见图 1-14。

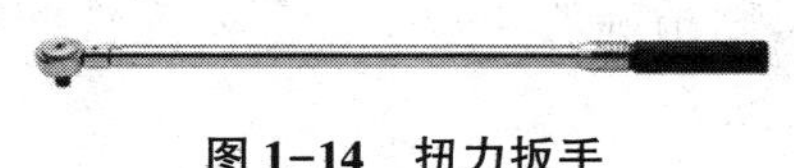

图 1-14　扭力扳手

1. 设置力矩方法

（1）首先，必须将凹槽锁环调在打开“UNLOCK”状态，为此须单手握住手柄，然后顺时针转动锁环直至末端。

（2）转动手柄，直至手柄上部的“0”刻度与所设扭力值所对应的中线重合。

2. 正确施力方法

（1）将套筒紧密、安全地固定于扭力扳手的方榫上，然后将套筒置于紧固件上，不可倾斜。施力时，手紧握住手柄中部，并以垂直扭力扳手、方头、套筒及紧固件所在共同平面的方向上用力。

（2）在均匀增加施力时，必须维持保持方头、套筒和紧固件在同一平面上，以保证扳手在发出警告声响后读数的准确性。

3. **使用注意事项**

（1）力矩即为力和距离的乘积，在紧固螺钉、螺栓和螺母等螺纹紧固件时，需要控制施加的力矩大小，以保证螺纹紧固且不至于因力矩过大而破坏螺纹，所以应使用扭矩扳手进行操作。

（2）设定一个需要的扭矩值上限，手柄末端的锁定组（LOCK/UNLOCK 状态）。当施加的扭矩达到设定值时，扳手会发出“咔嗒”声响或者扳手连接处折弯一点角度，表明螺栓紧固力矩已达到。

（3）根据需要，选择在使用范围内的扭力扳手。

（4）调整适当扭力前，请确认锁紧装置处于开锁“UNLOCK”状态；当锁环处于“LOCK”（锁紧）时，切勿转动手柄。

（5）使用扭力扳手前，请确认锁紧装置处于“LOCK”（锁紧）状态。

（6）保持正确握紧手柄的姿势。握紧手柄，而不是扳手杆，然后平稳地拉扳手。使用时，应缓慢平稳地施加扭力，严禁施加冲击扭力。因为施加的冲击扭力会大大超出设定的扭力值，除了对扭力扳手本身造成损害外，还会损害紧固件或工件。

（7）污染物会妨碍得到精确的扭矩值。如果零件或螺孔有污染物，将不可能得到正确的扭矩值。

（8）所有的扭矩扳手在使用前都应交由仪校检定并记录入档案，贴上合格标签后方可使用。此外，还应定期进行校验校准和维护，任何人不得私自拆卸。

（九）液压扳手

液压扳手对于风力发电机组高强度螺栓的安装与拆卸而言是一种非常方便的工具。液压扳头具有其他工具的不可替代性，不仅使用方便，而且所提供的扭矩值也非常精准。在机组前期安装和后期定期维护中，使用频繁。液压扳手见图1-15。

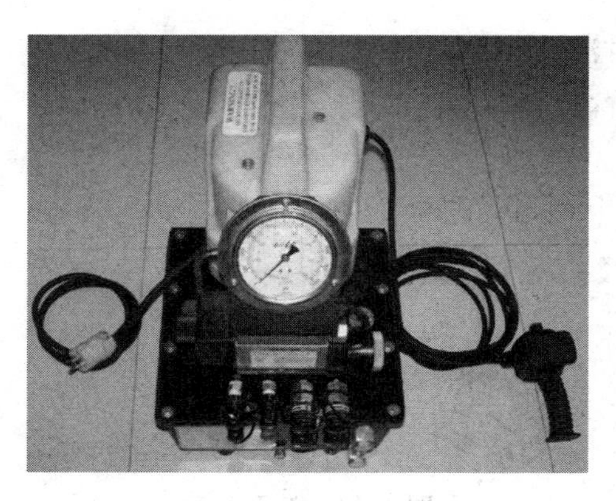

图 1-15　液压扳手

1. **液压扳手的使用规范**

（1）确保套筒尺寸与安装或拆卸的螺栓与螺母规格匹配。

（2）套筒另一端的方孔尺寸一定要与扳手的方驱尺寸相同。

（3）确保扳手安装稳定可靠，扳手相应的防护装置安全有效，避免遭到损坏。在使用扳手工作时，要确保反作用力支撑点合理可靠；选择合适的反作用力支撑点，如临近的螺栓或螺母；在反作用臂和反作用支撑点间不能垫放任何物体。

（4）在操作使用过程中，可能会出现扳手和螺栓、螺母意外脱离的情况，因此操作者不能站在扳手脱离方向的一侧。

（5）在安装和拆卸螺栓、螺母的过程中，扳手位置可能会出现轻微变动。由于压力及输出扭矩非常大，在安装和拆卸螺拴、螺母中，操作者的双手一定要远离扳手。特别要当心螺栓或螺母可能因破裂而飞溅。

（6）确保用来保持另一端螺栓头或螺母的扳手安装稳定可靠。

（7）在垂直或倒置使用扳手时，扳手要合理支撑定位。如果扳手从高处坠落，一定要先检测它是否完好无损；如有损坏，就不能使用。

（8）如果在污染严重等苛刻场合使用扳手，要不断地对扳手进行清洗并添加润滑脂。

2. **使用方法**

（1）扭矩设定。通过调节液压扳手泵压力来设定扳手扭矩。

（2）扳手操作方法。

安装液压扳手和套筒，见图 1-16。

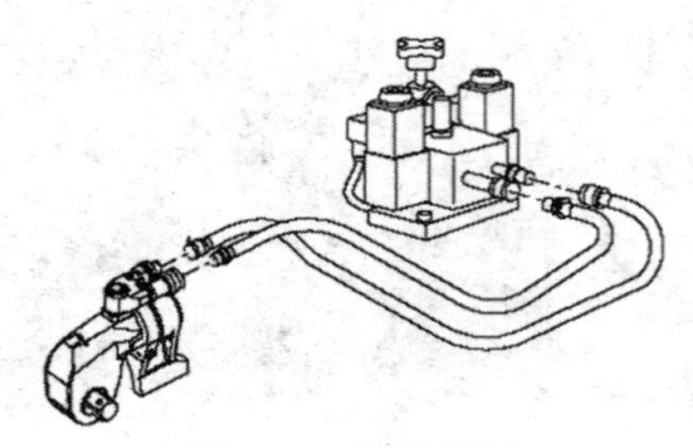

图 1-16　液压扳手

将反作用力臂 2 挡靠在合适的反作用力点 1 上，反作用力点将抵消扳手工作时所产生的力，见图 1-17。

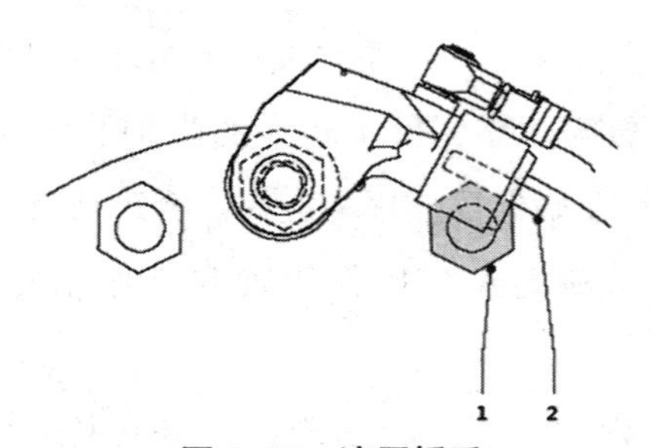

图 1-17　液压扳手

操作手柄启动液压扳手泵，见图 1-18。

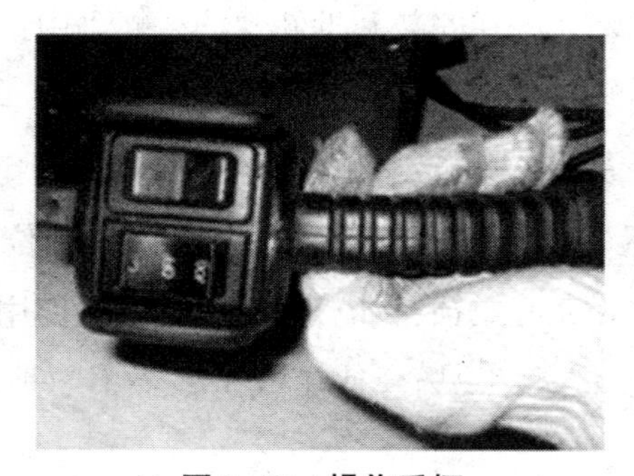

图 1-18　操作手柄

运行扳手安装或拆卸螺栓或螺母。工作完成后，立即停泵。

（3）安装拆卸螺母。将扳手头放在螺栓或螺母上，见图 1–19。

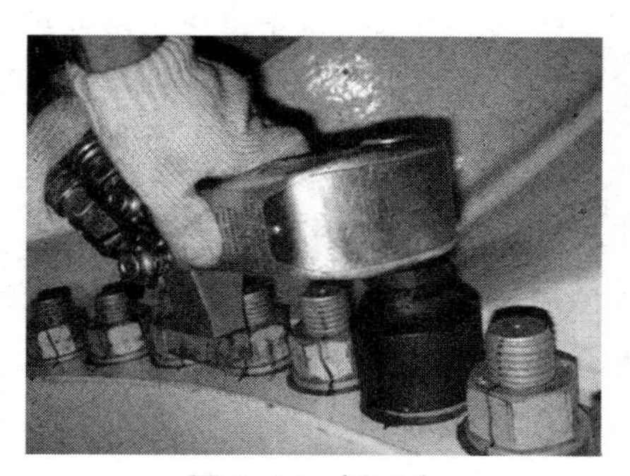

图 1–19　扳手头

安装螺母时，运行扳手泵直至将螺栓或螺母拧紧或至所需的扭矩值。拆卸螺母时，运行扳手泵直至将螺栓或螺母拆下。

（十）力矩倍增器

力矩倍增器，又称扭矩倍增器或增力包，是一种可以为操作者提高扭矩的装置。目前，市场上一般都是通过行星齿轮实现扭矩倍增，可将力矩值放大几倍到几十倍，常规比倍有：1∶5、1∶15 、1∶15.5、1∶25、1∶26、1∶75、1∶125 等。在风力发电机组定期检修维护中，力矩倍增器主要用于高强度螺栓的力矩检验等工作。同液压扳手的作用相同，力矩倍增器具有携带方便、操作简单的特点。但由于它效率低，一般不适用于工作量大的场合。见图 1–20。

图 1–20　力矩倍增器

使用注意事项：

(1) 需注意在扭矩扳手规定的扭矩值下使用，不能过载使用。

(2) 尽量保持扭矩扳手驱动头、倍增器和被锁物同轴线对准。

(3) 尽量保持反作用力臂与抵挡物可靠的平面接触。

(4) 尽量保持反作用力与反作用力臂成直角。

(5) 反作用力点应尽量远离倍增器，并在安全三角区内。

(6) 基于安全考虑，不容许使用双臂或平衡式反作用力臂。

(7) 需要取下倍增器时，应先移去扭矩扳手和拨动反回弹装置。

（十一）液压螺栓拉伸器

液压螺栓拉伸器因其操作简单、使用方便，安全性高等特点，而被广泛用于大直径螺栓的预紧。液压拉伸器对设备的损伤小，联接组件受力均匀，螺栓联接的可靠性高。

1. **液压拉伸器的工作原理**

螺栓拉伸方式是利用液压油缸直接对螺栓施加外力，将螺栓拉伸到所需长度，然后用手轻轻地将螺母拧紧，使施加的载荷得以保留。由于不受螺栓润滑效果和螺纹摩擦大小的影响，拉伸方式可以得到更为精确的螺栓载荷。此外，拉伸工具还可对多个螺栓进行同步拉伸，使整圈螺栓受力均匀，得到均衡载荷。拉伸方式尤其适用于关键法兰等紧固精度要求较高的接合应用，它能使法兰受力均匀地实现接合，防止泄漏。

液压拉伸器安装螺栓中轴线的位置，用于对螺栓进行轴向拉伸，实现螺栓需要的拉伸量，而正是螺栓的这种拉伸量决定了螺栓紧固所需的夹紧力。螺栓受到拉伸时，螺母会与法兰接触面脱离开来，液压拉伸器下端有一个开口，供操作人员转动螺母。通常螺母的转动是通过一根金属拨棍来拨动六角螺母外的一个拨圈来实现的（或直接拨动圆头螺母）。

卸掉液压拉伸器中的油压后，螺母和接合面紧贴，从而将螺栓的轴向形变锁住，也就是将剩余的螺栓载荷锁在螺母里。液压拉伸器对螺栓施加的载荷与液压缸中的油压成正比关系。这样的设计能够非常精确地留住有效载荷。由于载荷直接施加在螺栓上，且所有作用力都用于螺栓拉长，因此载荷产生所需的空间可以达到最小。由于其拉伸方式不受螺栓润滑效果和螺纹摩擦大小的影响，因此可以得到更为精确的螺栓载荷。

液压拉伸器通常用手动液压泵提供油压，通过液压分配器转换，使用多个液压拉伸器对多个螺栓进行同步拉伸，使整圈螺栓受力均匀，得到均衡的载荷。

液压拉伸器的拉伸方式对螺栓进行紧固得到的剩余载荷和有效载荷要比力矩方式更大。其拉伸方式更适用于紧固精度要求较高的接合应用。它能使法兰受力均匀地实现接合。

2. **液压拉伸器的操作**

在使用液压拉伸器前，应确保所有配件已安装正确，所有接头锁紧环已拧紧，见图 1-21。

图 1-21　液压拉伸器紧固螺栓

（1）首先，确定螺栓的上紧拉力（kN）。根据对应拉伸器的压力-拉力操作曲线设定好液压泵的操作压力（bar）。用高压泵设定压力时，请连接油管，但不可连接拉伸器。否则，会造成拉伸器油缸超行程漏油，油缸密封损坏。

（2）将需要上紧的螺栓，用电动扳手等工具预紧，以防止安装拉伸器时螺栓跟转。检查螺栓是否适合使用拉伸器，即螺栓突出螺母部分的有效长度是否达到 1 个螺栓直径。例如：M30 的螺栓，突出部分须保证有 30 mm 的有效长度，但也不能过长。若螺杆过长，拉伸器拉到行程极限，泵还未达到规定压力，还继续升压的话，拉伸器就会超行程，造成油缸密封切断，拉伸器漏油（若有过长的情况，须使用特制拉伸器）。如果长度不够，禁止使用拉伸器。因为这样做可能会拉坏螺栓螺纹，以及造成拉伸器内螺纹损坏。

（3）将拉伸器安装到要上紧的螺栓上，用内四方扳手将拉伸器旋往接触面，直到拉伸器的支撑环完全接触支撑面（允许间隙0.2~0.5 mm）。用扳手顺时针转动红色齿轮块，检查螺母是否已经预紧。同时，仔细观察拉伸器是否充分安装到位。

（4）用油管将拉伸器与泵相连接，顺时针关闭泵停止阀，将压力打到所需压力。操作前，必须确定泵的操作压力，不允许过载操作，以免螺栓拉断或拉伸器损坏。

（5）泵升至所须压力后，松开启动按钮，用扳手顺时针转动齿轮装置，将螺母旋至支撑面。**注意：**扳手力矩为20 Nm左右，防止方向错误，用力矩扳手将螺母旋至接触面即可。若紧固力量太大，则可能导致拉伸器内部铝制小齿轮损坏；若方向错误，就会造成螺母被往上旋到拉伸器内部拉杆底端，压力释放后，拉伸器无法从螺栓上取下来。

（6）逆时针松开泵卸压阀，让油缸自动回位，直到完全回到端盖平面。拔掉油管时，必须观察油缸是否完全回位。如油缸未完全回位，而把油管从拉伸器上拔下，就会造成拉伸器旋转困难，且油管很难再插到拉伸器上。此时，必须用呆扳手将拉伸器上的快速接头松开，让油缸内的液压油释放掉。待油缸全部回位后，再将接头用力旋紧即可。

（7）用内四方扳手将拉伸器从螺栓上卸下，再准备安装对角位置的螺栓。重复以上步骤将全部螺栓上紧（具体安装次序，视不同厂家的不同安装工艺要求而定）。

（8）如有可能，尽量使用两个以上拉伸器同时操作，以确保安装精度和提高安装效率。如单个拉伸器安装，建议最先安装4~8个螺栓。在全部安装完成后，再操作一次或两次（如有必要，全部螺栓须再操作一次），以确保螺栓达到力矩要求。

（9）操作时，请观察拉伸器计数器是否计数，以确保拉伸器能及时做保养（拉伸器每超过700 bar左右压力操作时，会自动累计计数。到了规定次数，拉伸器必须更换相应备件，以避免拉伸器的破坏性损坏。

3. **使用注意事项**

（1）工作时要佩戴防护眼镜。

（2）小心液压高压伤害。

（3）操作时佩戴防护手套。

（4）熟悉拉伸器的操作步骤。

（5）应单人操作拉伸器。如两人操作时，应由持扳手人发出指令控制操作。

（6）切勿在潮湿或易爆炸的环境中使用电动泵。

（7）双手远离各种部件间隙，以防夹伤。

（8）正确使用反作用力臂。

（9）切勿超过最大工作压力。

（10）无论电动还是气动泵，维护前须切断所有电源连接。

（11）切勿轻意碰撞设备或擅自做任何修改。

（12）切勿使用破损管线。

（十二）电动冲击扳手

电动冲击扳手是以电源或电池为动力，具有旋转带切向冲击机构的电板手，见图 1–22。工作时，它对操作者的反作用扭矩小，主要分为冲击扳手、充电式电动扳手两种。风力发电机组使用的电动冲击扳手主要作用是初紧螺栓，快速将螺栓旋进连接件，操作方便、省时省力。但电动冲击扳手的精度在±10%以上，精度比较差，风力发电机组对扭矩大小有明确规定的高强度螺栓，紧固力矩时不使用电动冲击扳手，一般要采用精度等级较高的扭矩扳手或液压扳手。用可用扭力扳手预先紧固后，再使用扭矩扳手紧固。

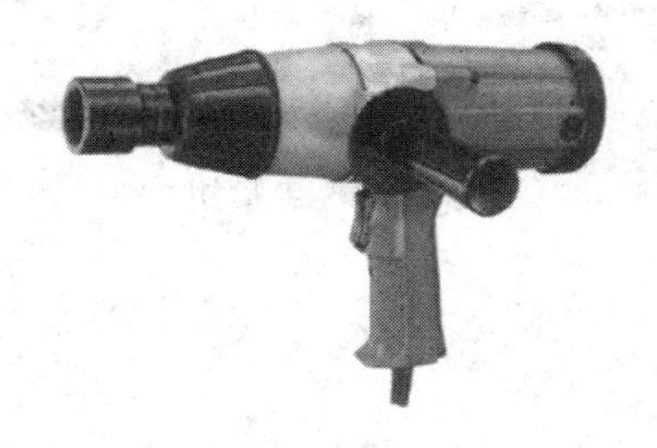

图 1–22　电动冲击扳手

使用注意事项：

（1）确认现场所接电源与电动扳手铭牌相符，以及电源回路是否接有漏电保护器。

（2）根据螺栓或螺母的规格选择匹配的套筒，并妥善安装。

（3）在送电前确认电动扳手上开关断开状态，否则可能导致电动扳手意外工作，从而造成人员受伤。

（4）应使用可靠的反向力距支靠点，以防反作用力伤人。

（5）当使用中发现电动机碳刷火花异常时，应立即停止工作，进行检查和处理。碳刷必须保持清洁。

三、电工工具

（一）钢丝钳

钢丝钳用于夹持或折弯薄片形、圆柱形金属零件或金属丝。它旁边带有刃口的钢丝钳还可以用于切断细金属（带有绝缘塑料套的可用于剪断电线），是维护中应用广泛的手工工具。

（二）尖嘴钳

尖嘴钳适用于比较狭小的工作空间位置上小零件的夹持，主要用于仪器仪表、电信、电器行业安装维修工作。带刃口的尖嘴钳还可以切断细金属丝。见图 1–23。

图 1–23　尖嘴钳

（三）圆嘴钳

圆嘴钳可将金属薄片或细丝弯曲成圆形，是仪器仪表、电信器材，以及家电装配、维修行业中常用的工具，见图 1-24。

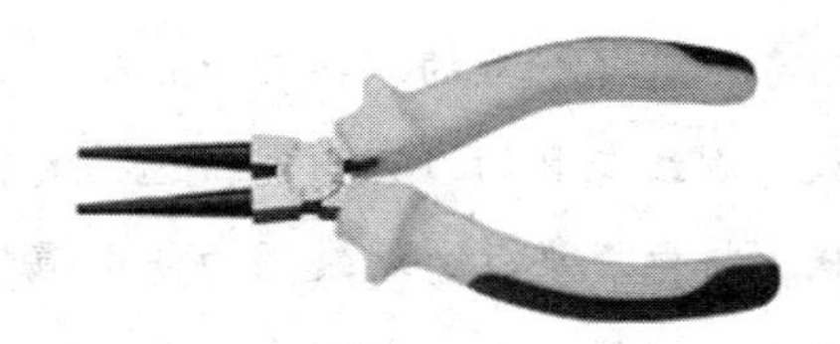

图 1-24　圆嘴钳

（四）斜嘴钳

斜嘴钳是剪断金属丝的常用工具。平口斜嘴钳还可在凹坑中完成对金属丝的剪切，常用于电力及电线安装工作场合，见图 1-25。

图 1-25　斜嘴钳

（五）剥线钳

剥线钳是操作人员在不带电情况下剥离线芯直径在 0. 5～2. 5 mm 范围的导线外部绝缘包层，漏出的铜线用于电气接线。见图 1-26。

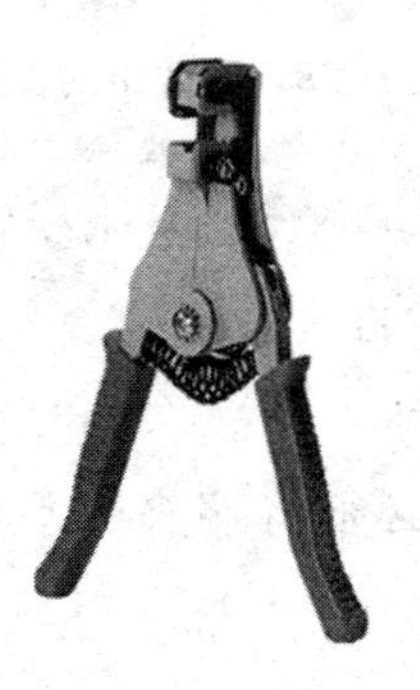

图 1-26　剥线钳

使用注意事项：

①要根据导线直径，选用剥线钳刀片的孔径。

②根据缆线的粗细型号，选择相应的剥线刀口。

③将准备好的电缆放在剥线工具的刀刃中间，选择要剥线的长度。

④握住剥线工具手柄，将电缆夹住，缓缓用力使电缆外表皮慢慢剥落。

⑤松开工具手柄，取出电缆线，这时电缆金属整齐地露到外面，其余绝缘塑料完好无损。

（六）压线钳

压线钳是用于线鼻子的压接工具。它主要是通过手动液压、气动或电动驱动的方式，对导线和压接端子施加足够压力，使端子和导线紧密接触牢固地结合为一个整体，形成最终的电气连接，见图 1-27 和图 1-28。

图 1-27　压线钳

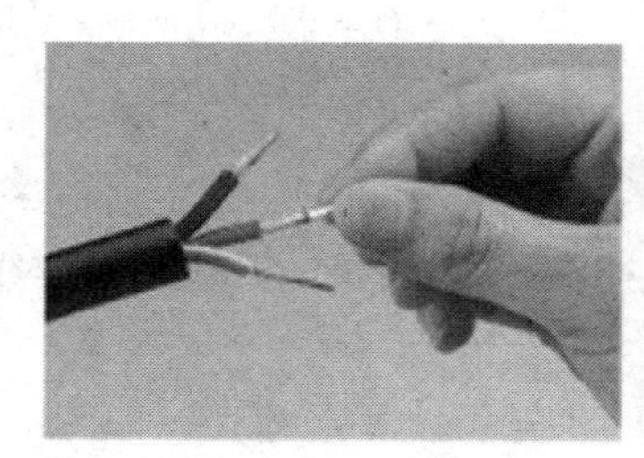
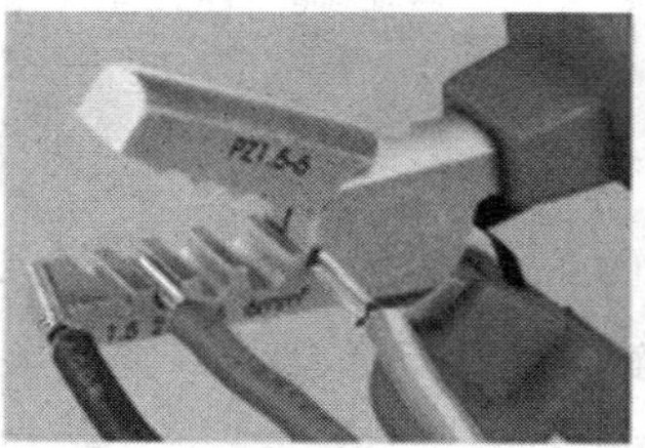
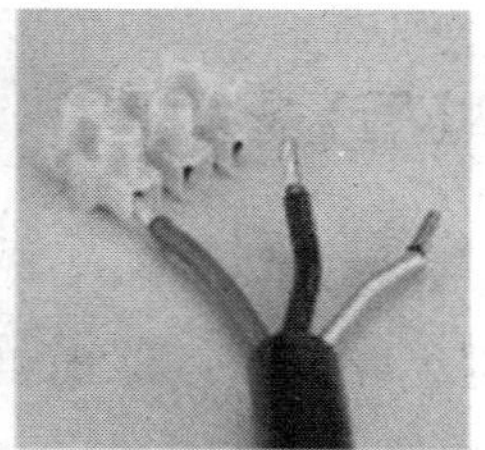

图 1-28　压线钳的使用

（1）预绝缘端子压线注意事项。电缆压线钳选口要正确，电缆压接牢固、平整、美观，电缆不得有漏铜芯的现象。

管式预绝缘端头用压线钳压好后，会出现一面平整而另一面为凹槽的情形。端头与弹簧端子连接时，必须将端头的平整面与弹簧端子的金属平面对应，见图1-29。

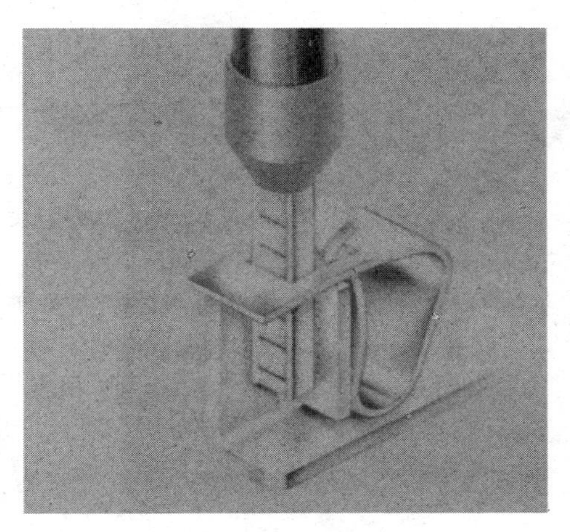

图 1–29　端头连接示意图

（2）动力电缆的压线制作。应使用电动液压钳动力电缆端头和连接管的制作（例如，185 mm^2 电缆、240 mm^2 电缆）。为工作方便，一般使用的为便携式，液压钳出力大于等于 12 T，可满足机组安装过程中不同电缆规格的压接，并且压接所需模具要和电缆规格相符。见图 1–30。

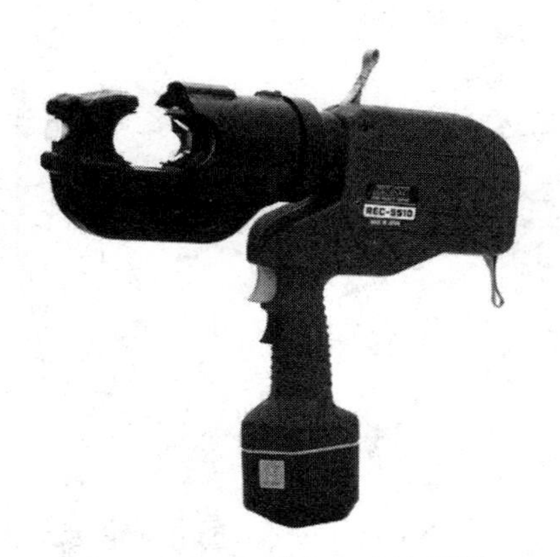

图 1–30　便携式电动液压钳

（七）电工刀

电工刀用于电工装修施工中割削电线绝缘层、绳索、木桩及软性金属材料，多用式电工刀的附件锥子、锯片还可用作钻孔和锯割木材，见图 1–31。

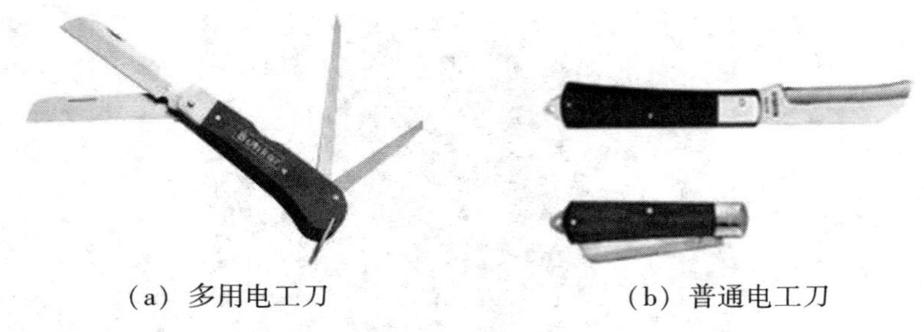

图 1-31　电工刀

四、测量工具

（一）百分表

百分表用于测量工件的形状、位置误差和位移量，也可用比较法测量工件的长度。它是利用机械结构将被测工件的尺寸数值放大后，通过读数装置标识出来的一种测量工具，见图 1-32。

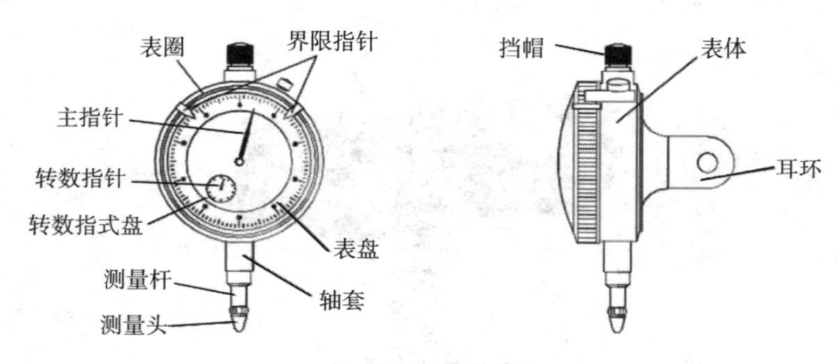

图 1-32　百分表

当测量杆 1 向上或向下移动 1 mm 时，通过齿轮传动系统带动主指针转一圈，转数指针转一格。表盘圆周上有 100 个等分格，每一个格子的读数值为0.01 mm。转数指示盘指针每格读数为 1 mm，测量时，指针读数的变动量即为尺寸变化量。刻度盘可以转动，以便测量时大指针对准零刻线。

百分表的读数方法为：先读出转数指针转过的刻度线（即毫米整数），再读出主指针转过的刻度线并估读一位（即小数部分），并乘以 0.01 mm，然后，将两者相加，得到的即为测量的数值。

将百分表安装在专用表座上或磁性表座上。磁性表座夹持百分表，并可使其处于任意位置和角度。利用其磁性可使表座固定于空间任意位置和角度上，更便于使用。在发电机与齿轮安装后，可用于指示表和磁性表座测量发电机与齿轮箱对中。

（二）数字万用表

数字式万用表采用了大规模集成电路和液晶数字显示技术。与指针式万用表相比，数字式万用表具有许多特有的性能和优点，如读数方便、直观，不会产生读数误差；准确度高；体积小，耗电省；功能多。许多数字式万用表还具有测量电容、频率和温度等功能。因此，数字式万用表在风电维护中经常使用。

液晶显示屏直接以数字形式显示测量结果，并且还能够自动显示被测数值的单位和符号，如欧姆和伏特等，见图 1–33。

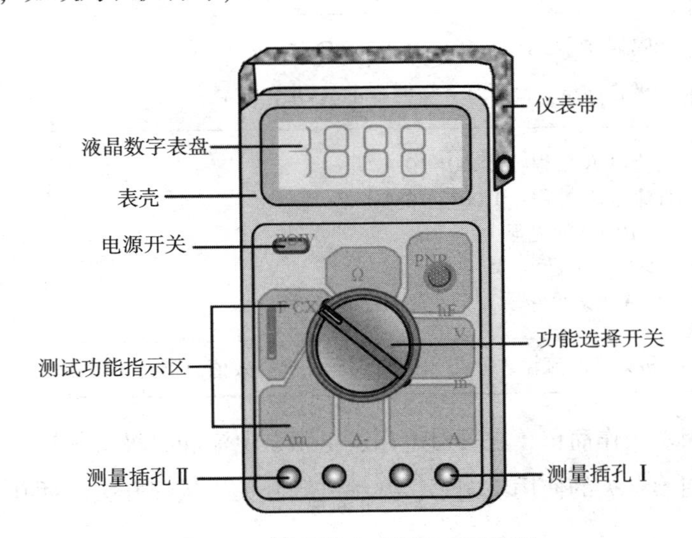

图 1–33　常用数字式万用表示意图

万用表的主要功能是：测量交直流电压和电阻等，见表 1–6。

表 1-6　万用表测量功能一览表

开关位置	测量功能
$\tilde{V}$ Hz	从 30. 0 mV 到 1000 V 的交流电压 从 2 Hz 到 99. 99 kHz 的频率
V⎓ Hz	从 1 mV 到 1000 V 的直流电压 从 2 Hz 到 99. 99 kHz 的频率值
mV⎓ 🌡	DC mV（直流毫伏）0. 1～600 mV 温度　−40～+400℃ −40～+752 ℉
Ω ⊣⊢	欧姆从 0. 1 Ω～50 MΩ 法拉从 1 nF～9999 μF
·))) →⊢	蜂鸣器在<25 Ω 时打开，在>250 Ω 时关闭 二极管测试。高于 2. 4 V 时显示（OL）过载
⎓ $\tilde{A}$ Hz	交流电 A 量程：0. 300～10 A 直流电 A 量程：0. 001～10 A >10. 00 闪光显 >20 A，显示 OL AC A（交流安培）频率 2 Hz～30 kHz

注释：交流电压和交流电流输入插孔为交流耦合，真有效值，高达 1 kHz

数字万用表操作简单，它可对电压、电阻、电流和二极管等进行测量。使用前，应认真阅读有关的使用说明书，熟悉电源开关、量程开关、插孔和特殊插口的作用。

（1）将 ON/OFF 开关置于 ON 位置，检查 9V 电池。如果电池电压不足，就会显示在显示器上，这时则需更换电池；如果没有显示，则按以下步骤操作。

（2）测试笔插孔旁边的符号，表示输入电压或电流不应超过指示值，这是为了保护内部线路免受损伤。

（3）测试之前，功能开关应置于所需要的量程内。

数字万用表的一个最基本的功能是测量电压。测量电压通常是解决电路问题时的首要工作。在进一步检查之前，首先要确认电源是否存在问题。

1. **电压的测量**

交流电压的波形可能是正弦（正弦波）或非正弦（锯齿波、方波等）。数字万用表可以显示交流电压的“rms”（有效值）。有效值是交流电压等效于直流电压的值。

数字万用表测量交流电压的能力由被测信号的频率限制，可以精确测量 2～99.99 kHz 范围内的交流电压。

（1）直流电压的测量。将黑表笔插入 COM 插孔，红表笔插入 V/Ω 插孔。然后，将功能开关置于直流电压档量程范围，并将测试表笔连接到待测电源（测开路电压）或负载上（测负载电压降），红表笔所接端的极性将同时显示于显示器上。接下来，查看读数，并确认单位。

（2）交流电压的测量。将黑表笔插入 COM 插孔，红表笔插入 V/Ω 插孔。然后，将功能开关置于交流电压档 V～量程范围，并将测试笔连接到待测电源或负载上，测试连接图同上。测量交流电压时，没有极性显示。

（3）注意事项。如果显示器只显示“OL”，为“OVERLOAD”（过载）的简写，表示过量程，功能开关应置于更高量程。不要测量超出量程的电压，因为有损坏内部线路的危险。当测量高电压时，要格外注意避免触电。

2. **电流的测量**

（1）直流电流的测量。将黑表笔插入 COM 插孔，当测量最大值为 400 mA 的电流时，红表笔插入“mA”插孔，当测量最大值为 10 A 的电流时，红表笔插入“A”插孔。

将功能开关置于直流电流档 A-量程，并将测试表笔串联接入到待测负载上，电流值显示的同时，将显示红表笔的极性。

（2）交流电流的测量。测量交流电流的方法与测量直流电流的方法相同，但档位应该旋至交流档位，电流测量完毕后应将红笔插回“VΩ”孔。

（3）注意事项。如果使用前不知道被测电流范围，将功能开关置于最大量程并逐渐下降。应在万用表允许的最大量程内使用，过大的电流会将表内的保险丝熔断。

3. 电阻的测量

将表笔插进“COM”和“VΩ”孔中，将旋钮旋至“Ω”中所需的量程，用表笔接在电阻两端金属部位。

注意事项：

- 如果被测电阻值超出所选择量程的最大值，将显示过量程“OL”，应选择更高的量程。
- 当没有连接好时，例如开路情况，仪表显示为“OL”。
- 当检查被测线路的电阻时，要确保被测线路中的所有电源没有电压。被测线路中，如有电源和储能元件，会影响线路阻抗测试正确性。
- 测量中可以用手接触电阻，但不应把手同时接触电阻两端。

4. 二极管的测量

数字万用表可以测量整流二极管管压降。测量时，表笔位置与电压测量一样，将旋钮旋到二极管档；用红表笔接二极管的正极，黑表笔接负极，这会显示二极管的正向压降。若测试导线的电极与二极管的电极反接，则显示屏读数会是“OL”，可以用来区分二极管的阳极和阴极。

5. 电容测量

连接待测电容之前，注意每次转换量程时。复零需要时间，有漂移读数存在不会影响测试精度。

（1）将功能开关旋至电容量程。

（2）将电容器插入电容测试座中。

注意事项：

- 为避免损坏电表，在测量电容前，需断开电路电源，并将所有高压电容器放电。
- 测量电容时，将电容插入专用的电容测试座中。

● 测量大电容时，稳定读数需要一定的时间。

6. **通断测试**

（1）将黑表笔插入 COM 插孔，红表笔插入 V/Ω 插孔（红表笔极性为“+”）将功能开关置于通断档，并将表笔连接到待测二极管，读数为二极管正向压降的近似值。

（2）将表笔连接到待测线路的两端，如果两端之间电阻值低于约 25Ω，内置蜂鸣器发声。

（三）兆欧表

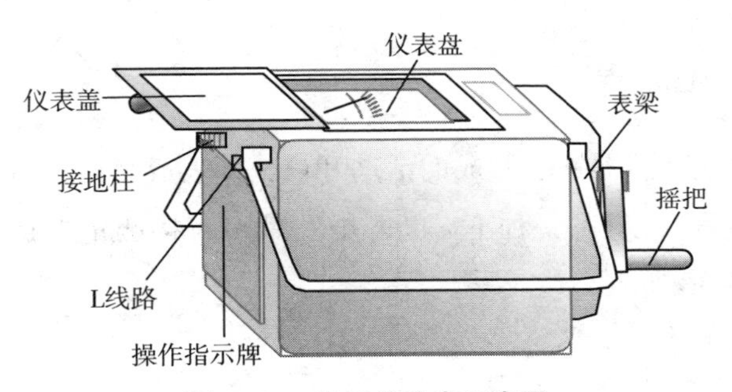

图 1-34　常用兆欧表示意图

兆欧表又称摇表，是专门用来测量电器线路和各种电器设备绝缘电阻的便携式仪表。它的计量单位是兆欧，所以称为兆欧表，见图 1-34。

另外，还有一种数字绝缘表，它和摇表的功能相同。数字绝缘表是由集成电路组成，具有输出电压等级多、准确度高，读数方便、直观，操作方便的特点。其使用方法见本书第三章发电机绝缘的测量方法。

（四）相序表

相序表是将相序表对应的三支探头分别夹在 L1、L2、L3 相交流母排上，在相序表的液晶屏上会自动显示三相电压顺序。当显示屏上为 L1、L2、L3 顺序字母时，屏幕下方显示出 R 字母时为正相序，表明相序正确。见图 1-35 所示。

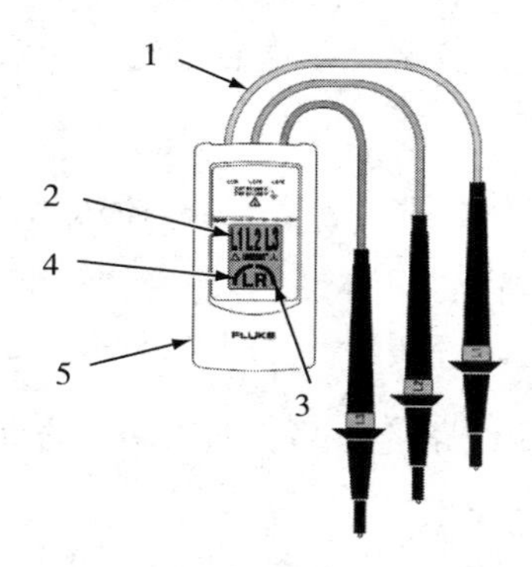

图 1-35　相序表

1-测试导线；2-显示屏；3-顺时针方向旋转；4-逆时针方向旋转；5-仪器背面的指示说明

（五）钳形电流表

由穿心式电流互感器铁心制成的活动开口，外表成钳形，所以称为钳形电流表，简称“钳流表”。它是一种不需断开电路就可直接测量电路交流电流的携带式仪表。见图 1-36 所示。

使用方法：

①测量前，应在检查表笔及仪器本身之后，估计一下被测电流的大小，选择合适量程。改变量程时，应将钳形电流表的钳口断开。

②为减小误差，测量时被测导线应尽量位于钳口的中央。

③测量时，钳形电流表的钳口应紧密接合。应先清除钳口杂物、污垢后，再进行测量。

④测量小电流时，为使读数更准确，在条件允许时，可将被测载流导线绕数圈后放入钳口进行测量。此时被测导线实际电流值应等于仪表读数值除以放入钳口的导线圈数。

⑤测量结束后关闭电流表开关。

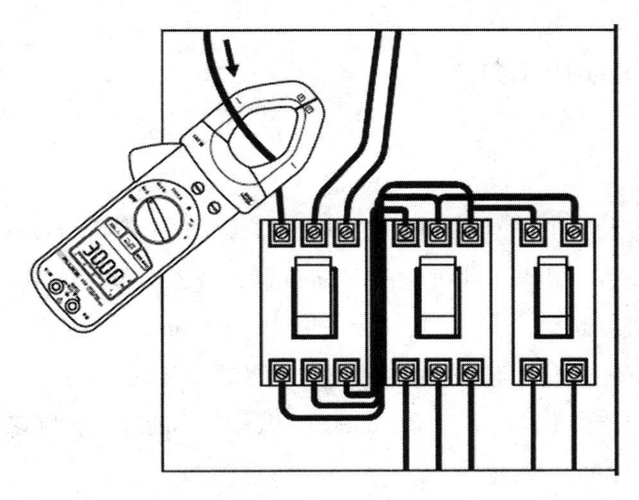

图 1-36　钳流表应用图示

（六）红外测温仪

手持式红外测温仪又名便携式红外测温仪，是一种小巧、便于携带的红外测温仪，见图 1-37。其使用方法如下所述。

使用者用手握住测温仪手柄，食指扣动开关，会听到“BI-BI”的声音。电源接通后，屏幕将显示枪口正对物体的温度，测量时应注意距离系数 K，K=D：S=12：1，通俗理解为测量范围为 12 m 时，被测物体面积为直径 1 m 的圆。如果大于 12 m 处存在一个 1 m 直径的物体，所测量物体的温度将不准确。

测量物体时将镜头正对被测物体，按住开关将进行测量，这时屏幕左上侧将出现扫描（SCAN）符号，表示正在测量。松开开关，屏幕左上侧将出现保持（HOLD）符号，这时屏幕上所显示的即是被测物体温度。

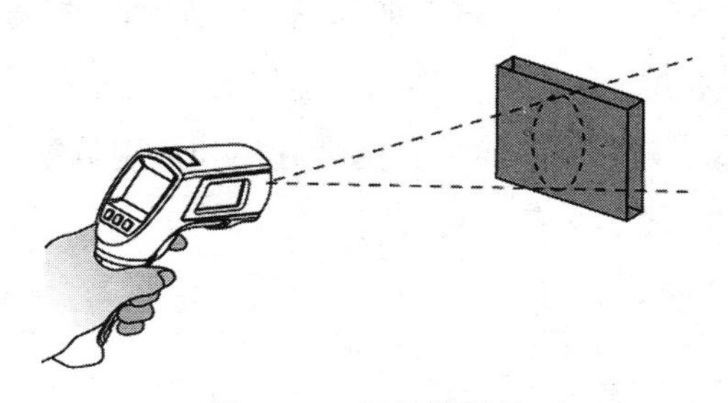

图 1-37　红外测温枪

五、其他常用维护工具

（一）塞尺

塞尺用于检验两个平面间的间隙，由厚度为0.02~3.00 mm，长度为75~300 mm的塞尺片（组）组成。自0.02~0.1 mm间，各塞尺片厚度级差为0.01 mm；自0.1~1 mm间，各塞尺片的厚度级差一般为0.05 mm；自1mm以上，塞尺片的厚度级差为1 mm。塞尺也是一种界限量具。测量时若用一片0.04 mm的测试片可插入两零件间隙，但用一片0.05 mm的测试片却不能插入，则该间隙的尺寸在0.04~0.05 mm之间，见图1-38。

在机组维护保养中，塞尺一般用于制动器闸片厚度的测量。

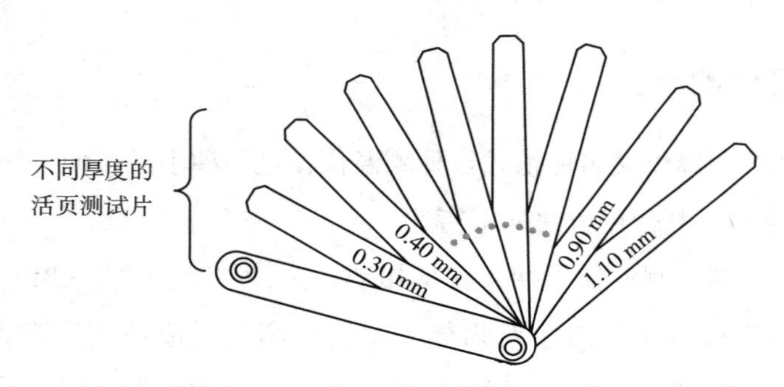

图1-38　塞尺结构示意图

（二）油脂加注枪

黄油枪是一种给机械设备加注润滑脂的手动工具，见图1-39。它可以选装铁枪杆（铁枪头）或软管（平枪头）加油嘴。对加油位置方便处于空间宽敞的地方可用铁枪杆（铁枪头），而对于加油位置隐蔽、拐角的地方必须用软管（平枪头）来加油。黄油枪具有操作简单、携带方便和使用范围广的诸多优点，在风力发电机组定期维护中属于必备工具。

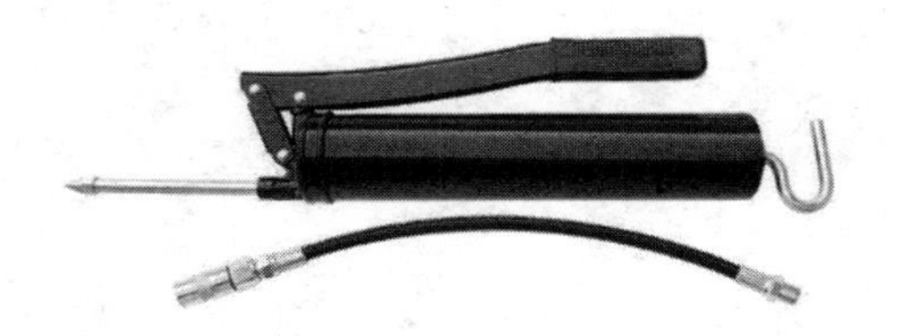

图 1-39　黄油枪

思考题

1. 初级维修保养工应具备哪些资质和能力?
2. 风力发电机组中存在哪些危险?
3. 请简述安全带的穿戴方法。
4. 请简述液压扳手的操作方法和注意事项。
5. 数字万用表有哪些功能?
6. 风力发电机组中有哪些常用的测量工具?

第二章　维修保养工基础知识

1. 了解常见低压电器部件的类型和结构原理。
2. 能够识别风力发电机组电气接线图。

第一节　常见低压电气元件

低压电器是一种能根据外界的信号和要求，手动或自动地接通、断开电路，以实现对电路或非电对象的切换、控制、保护、检测、变换和调节的元件或设备。控制电器按其工作电压的高低，可划分为高压控制电器和低压控制电器两大类。一般直流电压低于 1500 V、交流电压低于 1000 V 的称为低压电器。总的来说，低压电器可以分为配电电器和控制电器两大类，是成套电气设备的基本组成元件。

在风力发电机组中，大多数配电设备和控制电器均采用低压供电，一方面是便于维护；另一方面是因电压等级低，可提高设备的可靠性。风力发电机组的电气元件一般应用的环境较为恶劣，常常受到高温、高湿、盐碱腐蚀和沙尘等恶劣环境因素的影响，因此低压电气设备虽具有很高的可靠性，但也会出现故障，需要维护保养工能够正确地认知电气元件的性能和参数、运行环境的要求，对其进行正确的日常维护或定期保养，使元器件在最优性能中运行。

一、断路器

1 kV 及以下的断路器称为低压断路器，主要用于切断和接通负荷电路，以及切断故障电路，防止事故扩大，保证安全运行。电压等级较低、电流较小时使用微型断路器，电压等级比较高时，电流可达到几千安培，一般使用框架式断路器，见图 2-1 和图 2-2。

（一）断路器的分类

断路器按极数划分，有单极、二极、三极和四极等；按安装方式划分，有插入式、固定式和抽屉式等；按电流等级划分，可分为框架式断路器、塑壳断路器和微型断路器（又称小型断路器），框架式断路器的额定容量为 630~6300 A、塑壳断路器的额定容量为 63~1600 A，微型断路器的额定容量为 0. 3~125 A。

（二）断路器的主要作用

断路器的主要作用是低压开关带过流保护功能。当出现电流超负荷运行时，断路器可在瞬间断开，以便保护出口连接设备的安全，防止过流损坏。框架式断路器配备控制单元，通过自身的电流互感器测得相线及中性线电流，输入控制单元，控制单元进行取样计算，并与断路器上的整定值进行比较，大于整定值后发出指令让断路器断开线路进行保护。

图 2-1　微型断路器

图 2-2　框架式断路器

（三）微型断路器

1. 微型断路器的安装

安装时，先将位置卡在导轨上，见图 2-3。将断路器向前和向下方向同时用力，当听到卡扣的声音，且断路器平稳地固定在导轨上时表明安装成功。

2. 微型断路器的拆卸

（1）将一字螺钉旋具插入断路器卡槽内，见图 2-4。

（2）将旋具向上用力翘起。

（3）同时用手向上将断路器取出。

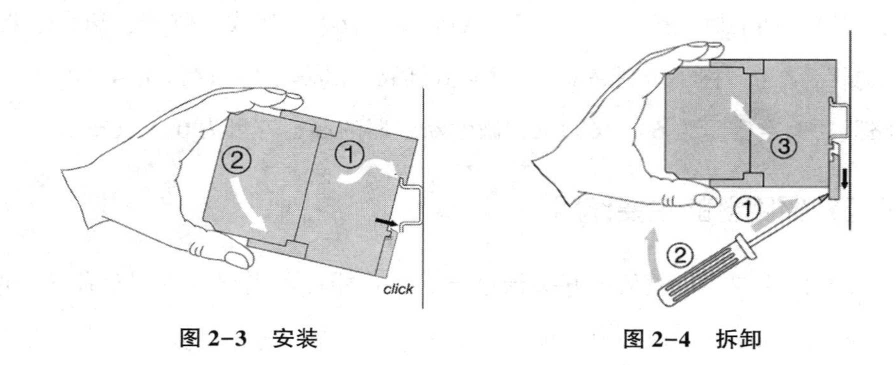

图 2-3　安装　　图 2-4　拆卸

（四）框架式断路器

框架式断路器和塑壳断路器的过流保护值可通过手动设定，一般在出厂前就已经设定完毕。在维护保养过程中，需要再次检查确认。

框架式断路器的前面板结构，主要包括手动分闸按钮、手动合闸按钮、手动弹簧储能操作手柄、机械脱扣指示及弹簧储能指示、电子脱扣器等，见图2-5。

（1）机械指示。机械指示是显示断路器是处于吸合、断开的状态，当指示显示“O”时，表明断路器处于分闸状态；当指示显示“I”时，则表明断路器处于合闸状态。

（2）弹簧储能信号指示。弹簧储能指示显示为黄色牌，上面显示

“CHARGED SPRING”，表示合闸弹簧已储能。弹簧储能指示为白色牌，上面显示“DISCHARGED SPRING”，表明合闸弹簧已释能。

（3）电子脱扣器，在电子脱扣器上可以通过修改拨码位置的方式，设定保护参数。电子脱扣器运行及保护功能有过载保护（L）、瞬时短路保护（I）功能、无短路保护及接地保护。

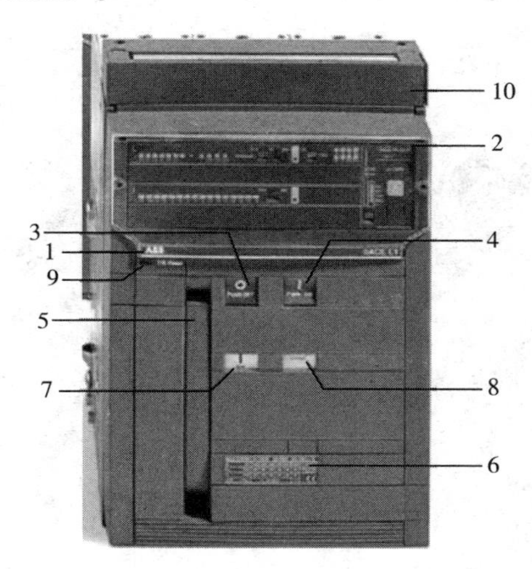

图 2-5　框架式断路器

1-商标和型号；2-脱扣器；3-手动分闸按钮；4-手动合闸按钮；

5-手动弹簧储能操作手柄；6-电气额定值标签；7-机械指示；8-弹簧储能指示；

9-脱扣器跳扣的机械指示；10-接线端子盒

二、熔断器

（一）熔断器的工作原理

熔断器是指当电流超过规定值时，以本身产生的热量使熔体熔断、断开电路的一种电器。熔断器是根据电流超过规定值一段时间后，以其自身产生的热量使熔体熔化，从而使电路断开，运用这一原理制成的一种过流保护器，见图 2-6。

熔断器广泛应用于风力发电机组中，与断路器一样都可实现短路保护功能，但两者的工作原理不同。熔断器的原理是利用电流流经导体使导体发热，达到导体的熔点后导体融化，以达到断开电路保护，使电器和线路不被烧坏的目的。它是热量的累积，可以实现过载保护。熔断器是一次性的，一旦熔体烧毁就必须更换熔体。断路器是通过电流电磁脱扣器实现断路保护，而不是熔断，因此可以反复使用。而断路器是电路中的电流突然加大，当超过断路器的负荷时自动断开，它是针对电路电流瞬间电流加大的保护装置。

图 2-6　熔断器

（二）熔断器的分类

熔断器主要有插入式熔断器、螺旋式熔断器、封闭式熔断器、快速熔断器和自复熔断器五种。风力发电机组中主要使用的是封闭式熔断器和快速熔断器。

封闭式熔断器分为有填料熔断器和无填料熔断器两种。有填料熔断器一般用方形瓷管，内装石英砂及熔体，分断能力强，用于电压等级 500 V 以下、电流等级 1 kA 以下的电路中。无填料密闭式熔断器将熔体装入密闭式圆筒中，分断能力稍小，用于 500 V 以下、600 A 以下的电路中。

快速熔断器主要用于半导体整流元件或整流装置的短路保护。由于半导体元件的过载能力很低，只能在极短时间内承受较大的过载电流，因此要求短路保护具有快速熔断的能力。快速熔断器的结构和有填料封闭式熔断器基本相同，但熔体材料和形状不同，它是以银片冲制的有 V 形深槽的变截面熔体。

（三）熔断器检查

（1）检查熔断器和熔体的额定值与被保护设备是否相配合。

（2）检查熔断器外观有无损伤、变形，瓷绝缘部分有无放电、拉弧痕迹。

（3）检查熔断器各接触点是否完好，接触紧密，有无过热现象。

（4）熔断器的熔断信号指示器是否正常。

（四）熔断器的维护

熔体熔断时，应认真分析熔断的原因，常见的原因主要有以下三方面。

（1）短路故障或过载运行而正常熔断。

（2）熔体使用时间过久，熔体因受氧化或运行中温度高，使熔体特性变化而误断。

（3）熔体安装时有机械损伤，使其截面积变小而在运行中引起误断。

（五）更换熔体

（1）安装新熔体前，要找出熔体熔断原因，未确定熔断原因，不能拆换熔体合闸。

（2）更换新熔体时，要检查熔体的额定值是否与被保护设备相匹配。

（3）更换新熔体时，要检查熔断管内部烧伤情况，如有严重烧伤，应同时更换熔管。熔管损坏时，不允许用其他材质管代替。

三、接线端子

接线端子是为了方便导线的连接而应用的，它是一段封在绝缘塑料里面的金属片，两端都有孔和导线，有螺丝用于紧固或者松开，见图 2-7。例如，两根导线有时需要连接，有时又需要断开，这时可以用端子将它们连接起来，并且可以随时断开，而不必将它们焊接起来或者缠绕在一起，既方便又快捷，适合大量的导线互联。在风力发电机组中，有很多种不同规格、型号的端子排、端子箱，分单层、双层，电流，电压，普通和可断等。

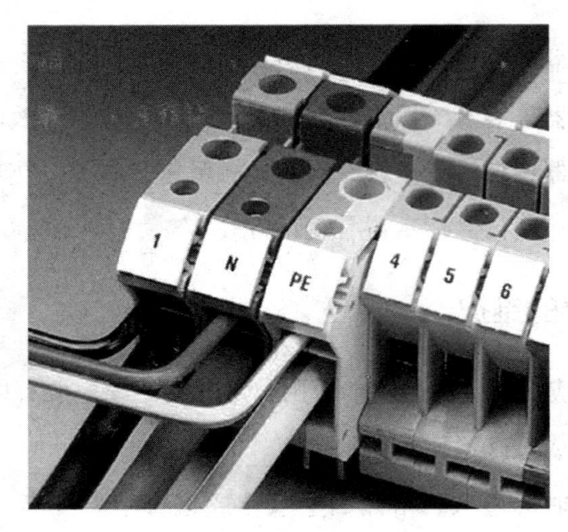

图 2-7　接线端子

接线端子的更换和安装也比较方便，将端子排卡固在导轨上。安装时，需要先将线缆插入接线孔，使用一字或十字的螺钉旋具将端子排上的螺钉旋紧即可。拆卸端子时，须先将线缆拆除，在端子排上均有卡槽，使用一字螺钉旋具翘起一边后将其卸下。

四、接触器

接触器分为交流接触器（AC Contactor）和直流接触器（DC Contactor），常常应用在风力发电机组电气控制回路中。

接触器的工作原理是，当接触器线圈通电后，线圈电流会产生磁场，产生的磁场使静铁心产生电磁吸力吸引动铁心，并带动接触器触点动作，常闭触点断开，常开触点闭合（两者是联动的）。当线圈断电时，电磁吸力消失，衔铁在释放弹簧的作用下释放，使触点复原，常开触点断开，常闭触点闭合。

接触器可频繁地接通大电流的电路，一般应用于电动机作为控制对象，例如控制散热风扇、偏航电机和变桨电机等，也可控制照明灯、电热器和电容补偿组的投切等。接触器不仅能通过远程控制接通和切断电路，还具有低电压释放保护作用。接触器控制容量大，适用于频繁操作和远距离控制，是风力发电机组自动控制系统中的重要元件之一，见图 2-8。

接触器的型号很多，电流在 5~1000 A 范围内不等。按主触点连接回路的形式可分为直流接触器和交流接触器。按操作机构可分为电磁式接触器和永磁式接触器。

图 2-8　接触器

五、继电器

（一）继电器的作用

继电器，英语单词为“relay”，是“接力”“传递”的意思，形象地说明了继电器的作用。

继电器是一种电控制器件，是当输入量的变化达到规定要求时，在电气输出电路中使被控量发生预定的阶跃变化的一种电器。它具有控制系统（又称输入回路）和被控制系统（又称输出回路）之间的互动关系，通常应用于自动化的控制电路中。它实际上是用小电流去控制大电流运作的一种“自动开关”。因此在电路中起着自动调节、安全保护和转换电路等作用。见图2-9。

图 2-9　继电器

（二）继电器的工作原理

按下开关，电流进入操作线圈，把铁芯磁化。由于电磁力的作用，衔铁被铁芯吸引。衔铁被吸引到铁芯之后，动接点和定接点接触，灯光亮起。如果断开开关，操作线圈的电流消失，吸附衔铁的力消除，由于复位弹簧的作用，恢复到原来状态。如果衔铁恢复原来状态，接点部将分离，灯光熄灭。继电器原理图，见图 2-10。

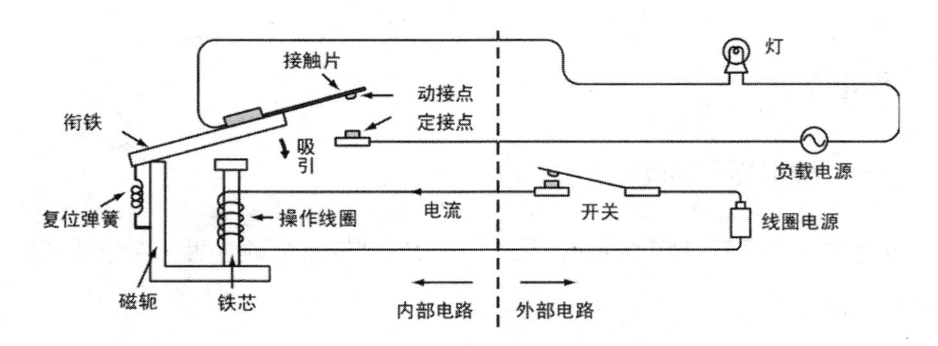

图 2-10　继电器工作原理图

（三）继电器的分类

按继电器的工作原理或结构特征分类，主要有电磁继电器、固体继电器、温度继电器、时间继电器和热继电器等。电磁继电器是利用输入电路内的电磁线圈在电磁铁铁芯与衔铁间产生的吸力作用，控制输出电路开关工作的一种电气继电器。固体继电器是指电子元件履行其功能而无机械运动构件的输入和输出隔离的一种继电器。温度继电器是当外界温度达到给定值时而动作的继电器。

1. 时间继电器

时间继电器是指当加入（或去掉）输入的动作信号后，其输出电路须经过规定的准确时间才产生触点动作的一种继电器。时间继电器是一种使用在较低的电压或较小电流的电路上，用来接通或切断较高电压、较大电流的电路的电气元件。同时，时间继电器也是一种利用电磁原理或机械原理实现延时控制的控制继电器。它的种类很多，有空气阻尼型、电动型和电子型等。

时间继电器在继电器前端上可设定动作触发时间，以达到间隔触发需求，见图 2-11。

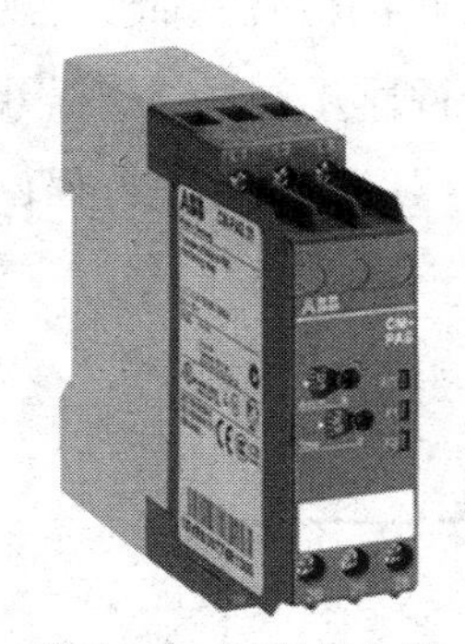

图 2-11　时间继电器

图 2-12　热继电器

2. 热继电器

热继电器的工作原理是由流入热元件的电流产生热量，使有不同膨胀系数的双金属片发生形变，当形变达到一定距离时，就推动连杆动作，使控制电路断开，从而使接触器失电，主电路断开。热继电器一般应用于电动机的过载保护。继电器作为电动机的过载保护元件，以其体积小、结构简单、成本低廉等优点在生产中得到了广泛应用。

热继电器的工作原理是过载电流通过热元件后，使双金属片加热弯曲去推动动作机构来带动触点动作，从而将电动机控制电路断开以实现电动机断电停车，起到过载保护的作用。鉴于双金属片受热弯曲过程中，热量的传递需要较长的时间，因此，热继电器不能用作短路保护，而只能用作热继电器的过载保护。

在风力发电机组中，会在偏航电机工作回路中增加过载保护的热继电器。另外，也有些机组的偏航电机工作回路需要通过过流保护断路器和热敏电阻替代，以达到相同的功效。

六、行程开关

（一）行程开关的作用

行程开关，又称限位开关，是一种常用的小电流主令电器。行程开关是利用生产机械运动部件的碰撞使其触头动作来实现接通或分断控制电路，来达到一定的控制目的。通常，这类开关被用来限制机械运动的位置或行程。

在风力发电机组中，将行程开关安装在预先安排的位置，如变桨系统的 92°限位开关等。当安装在机械运动部件上的模块撞击行程开关时，行程开关的触点动作，实现电路的切换。因此，行程开关是一种根据运动部件的行程位置而切换电路的电器，它的工作原理与按钮类似，如图 2-13 所示。

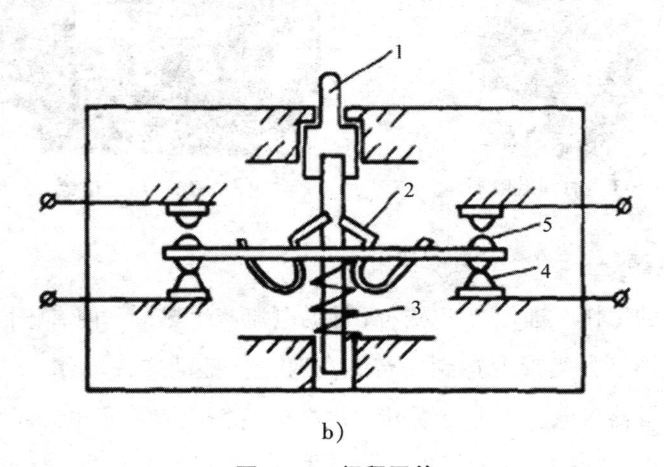

b)

图 2-13　行程开关

1-推杆；2-弹簧；3-压缩弹簧；4-动断触点；5-动合触点

（二）行程开关的分类

行程开关按其结构可分为直动式、滚轮式、微动式和组合式。

1. 直动式行程开关

直动式行程开关是由运动部件的撞块碰撞而触发开关。当外界运动部件上的撞块碰压按钮使其触头动作，当运动部件离开后，在弹簧作用下，其触头自动复位。

2. 滚轮式行程开关

当运动机械的挡铁（撞块）压到行程开关的滚轮上时，传动杠连同转轴一同转动，使凸轮推动撞块；当撞块碰压到一定位置时，推动微动开关快速动作。当滚轮上的挡铁移开后，复位弹簧就使行程开关复位，这种是单轮自动恢复式行程开关，见图 2–14 滚轮式行程开关在变桨系统中的应用。

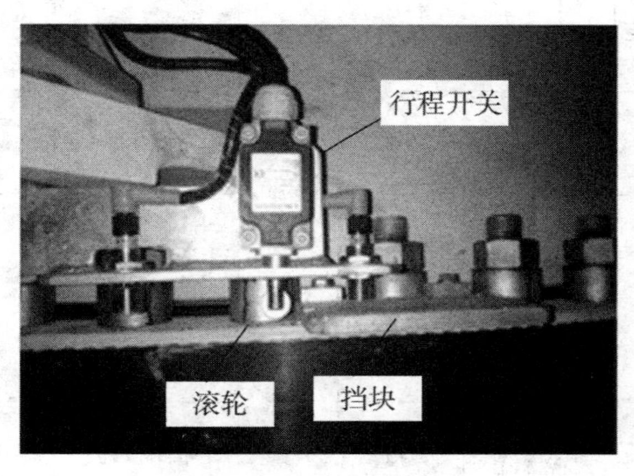

图 2–14　滚轮式行程开关

3. 微动式行程开关

微动式行程开关是具有微小接点间隔和快动机构，用规定的行程和规定的力进行开关动作的接点机构，用外壳覆盖，其外部有驱动杆的一种开关。

第二节　认识电气原理图

一、电气原理图标识

要对风力发电机组进行维护，必须熟悉电气图纸，认识电气图纸中图形符号所代表的元件名称。文字符号代表元件的类型。常见图形符号见表 2–1。

表 2–1　常见图形符号

类别	名称	图形符号	文字符号	类别	名称	图形符号	文字符号
元件	电容器		C	元件	熔断器		F
	二极管		D		电阻器		R
开关	单极控制开关	或	SA	位置开关	常开触头		SQ
	手动开关一般符号		SA		常闭触头		SQ
	三极控制开关		QS		复合触头		SQ
	三极隔离开关		QS	按钮	常开按钮		SB
	三极负荷开关		QS		常闭按钮		SB
	组合旋钮开关		QS		复合按钮		SB
	低压断路器		QF		急停按钮		SB
	控制器或操作开关	后 前 2 1 0 1 2	SA		钥匙操作式按钮		SB

续表

类别	名称	图形符号	文字符号	类别	名称	图形符号	文字符号
接触器	线圈操作器件		KM	热继电器	热元件		FR
	常开主触头		KM		常闭触头		FR
	常开辅助触头		KM	中间继电器	线圈		KA
	常闭辅助触头		KM		常开触头		KA
时间继电器	通电延时（缓吸）线圈		KT		常闭触头		KA
	断电延时（缓放）线圈		KT	电流继电器	过电流线圈	$I>$	KA
	瞬时闭合的常开触头		KT		欠电流线圈	$I<$	KA
	瞬时断开的常闭触头		KT		常开触头		KA
	延时闭合的常开触头	或	KT		常闭触头		KA
	延时断开的常闭触头	或	KT	电压继电器	过电压线圈	$U>$	KV
	延时闭合的常闭触头	或	KT		欠电压线圈	$U<$	KV
	延时断开的常开触头	或	KT		常开触头		KV
电磁操作器	电磁铁的一般符号	或	YA		常闭触头		KV

续表

类别	名称	图形符号	文字符号	类别	名称	图形符号	文字符号
电磁操作器	电磁吸盘		YH	电动机	三相笼型异步电动机		M
	电磁离合器		YC		三相绕线转子异步电动机		M
	电磁制动器		YB		他励直流电动机		M
	电磁阀		YV		并励直流电动机		M
非电量控制的继电器	速度继电器常开触头		KS		串励直流电动机		M
	压力继电器常开触头		KP	熔断器	熔断器		FU
发电机	发电机		G	变压器	单相变压器		TC
	直流测速发电机		TG		三相变压器		TM
灯	信号灯（指示灯）		HL	互感器	电压互感器		TV
	照明灯		EL		电流互感器		TA
接插器	插头和插座	或	X 插头 XP 插座 XS		电抗器		L

二、电气原理图定义

电气原理图是用来表明设备电气的工作原理、各电器元件的作用和其相互之间关系的一种表示方式。熟悉电气图纸的接线方法对于分析电气线路和了解风力发电机组之间电气接线是十分有益的。在风力发电机组维护保养和故障处理中，电气原理图已经成为必备的维护工具。

三、电气原理图识别方法

电气原理图的识别方法是首先分析主电路，再延伸至辅助电路，并用辅助电路回路去支撑主电路的控制逻辑分析。

（一）主电路识别

①首先熟悉主电路中的主要部件，包括熟悉设备主电路接线顺序和能量的流动方向，清楚主要部件的数量、类别、用途、接线方式等。例如，发电机作为风力发电机组的电源输出的位置，可以认为其为主电路的主要部件。

②了解电源电压等级，一般风力发电机组主电路电压等级为 690 VAC、400 VAC和 1000 VDC。电压等级高，表明其为主电路电源。

③清楚电器部件的控制方式。控制电气设备的方法很多，如开关控制、接触器控制等。

④了解主电路中所用的控制电器和保护电器。控制电器指除常规接触器以外的其他控制元件，如电源开关等。保护电路是指短路保护器件及过载保护器件，如断路器、熔断器、热继电器和过电流继电器等元件的用途及规格。

（二）辅助电路识别

辅助电路包含控制电路、信号电路和照明电路等。

控制电路应根据主电路中各电动机和执行电器的控制要求，逐一找出控制电路中的其他控制环节，将控制线路“化整为零”，按功能不同划分成若干个局部控制线路进行分析。如果控制线路较复杂，可先识别照明、信号电路等，排查照明信号电路后，控制线路会更加清晰。

（1）电源类型区分。首先区分电源的类型：交流、直流。其次为电压等级。一般控制电路为 230 VAC 和 24 VDC，信号电路为 24 VDC。

（2）了解控制电路中继电器、接触器的用途。

（3）根据辅助电路来分析主电路的工作原理。

（4）根据线路画线顺序识别。电气原理图画线顺序一般从左到右和从上到下，按照画线顺序分析控制电路，对分析辅助电路较方便。

（5）识别电气元件间的工作关系。辅助电路构成大回路，在大回路中又分为若干条独立的小回路。每条小回路可单独控制一个电器元件（接触器或继电器）动作。控制电路的识别可结合主电路主要功能分析，只有全面了解主电路对控制电路的要求后，才能更加容易识别控制电路。应注意各部件之间互相制约的关系，例如电动机正、反转之间的联锁等。

（6）识别电气设备和电器元件。如加热器、照明灯等，应熟悉其参数和功能。

四、电气原理图说明

电气原理图一般由主电路、控制电路、保护和配电电路等主要电路构成。主电路中的各个电气部件均在设定图纸的位置内。电气原理图将各个部件在对应的边框内定位，方便识别和分析。

电气原理图两侧边框编码 A ~J，是定位器件所处的行；上下边框 1 ~14，是定位器件所处的列。

器件的编号可以代表在电气原理图中所处的位置，例如器件在 B3 区域，表明在 B 行 3 列内。器件编号的组合形式一般为：页码+文字符号+列。例如某器件名称为“2F5”，其中“2”代表图纸第二页，“F”代表该器件为熔断器，“5”代表在该页的第 5 列内，见图 2-15；为了方便大家识别电气原理图，举例一张图纸供学习参考，见图 2-16。

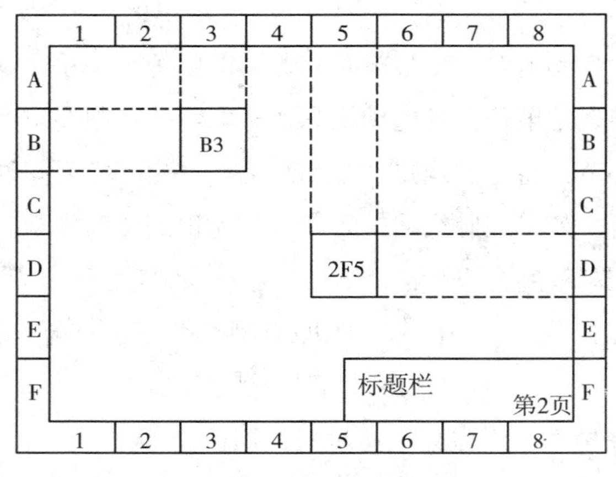

图 2-15　图纸布局

电气原理图举例：

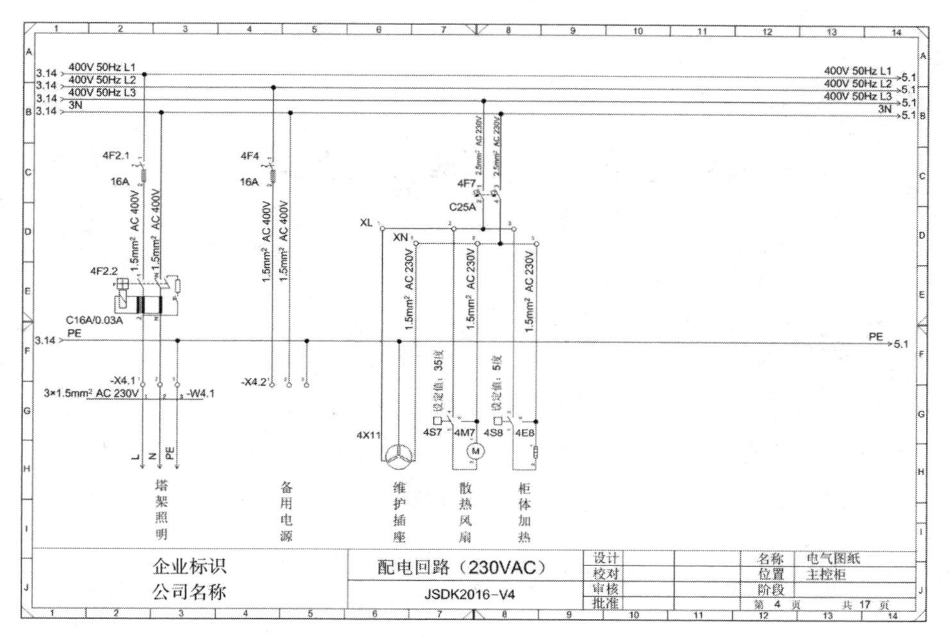

图 2-16　电气原理图例

1. 如何拆卸和安装微型断路器？其操作方法是什么？
2. 断路器和熔断器的作用是什么？它们之间有什么区别？
3. 继电器的工作原理是什么？
4. 请简述电气原理图的识别方法。

第三章　机械部分维护

1. 了解初级风电保养工应具备的基本技能和要求。

2. 了解风力发电机的结构原理、组成和分类运行。

3. 了解塔架与基础、机舱、发电机、齿轮箱、叶轮部分的组成、功能作用和与维护知识。

第一节　整机结构

现代大型并网风力发电机组在过去几十年的发展过程中，一直以提高风能利用率和降低发电成本为目标，到现在已设计研发了许多类型和样式的风力发电机组。随着科学技术的进步，机组的结构形式越加趋向于水平轴、三叶片和变桨矩等。

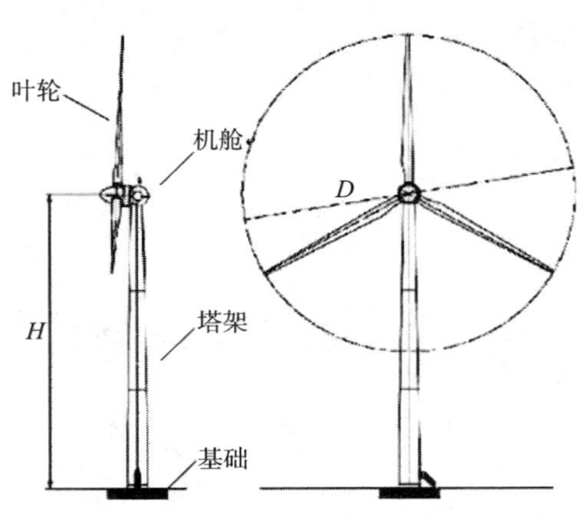

图 3-1　风力发电机组结构

风力发电机组主要由叶轮、机舱、塔架和基础等部分组成，见图 3-1。叶轮和机舱位于塔架顶部，机舱内一般包括主轴、传动系统和发电机等部件。机舱内所有部件安装在主机塔架上。机舱通过轴承和塔架顶端相连接，可以在偏航系统的驱动下，围绕着塔架做旋转，使风轮和机舱随着风向的变化调整对风方向。塔架固定在基础上，将作用在机组上的载荷传递到基础。机舱的结构组成见图3-2。

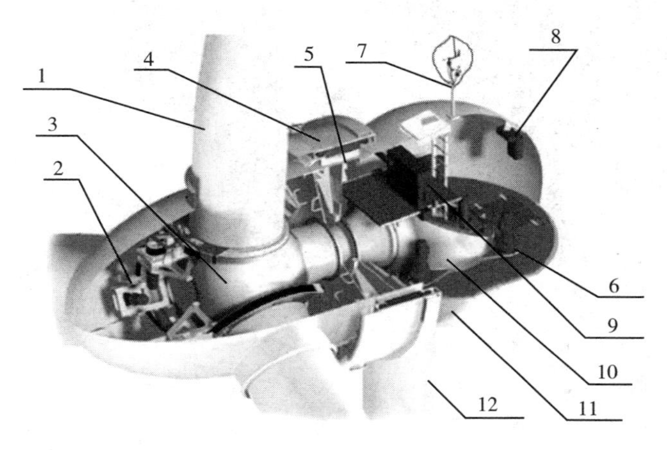

图 3-2　机舱结构

1-叶片；2-变桨系统；3-轮毂；4-发电机转子；5-发电机定子；6-偏航系统
7-测风系统；8-辅助提升机；9-顶舱控制柜；10-底座；11-机舱罩；12-塔架

第二节　塔架与基础

一、塔架

塔架是风力发电机组的主要支撑部件，承受整个机组的重量，还承受风载荷以及各种动载荷，并将这些载荷传递到基础，因此必须保证塔架安全可靠。

目前，大型并网发电机组的塔架高度一般在 50 m 以上，且塔架高度越来越高，最高已超过百米。塔架重量约占机组重量的一半左右，一般塔架的重量可以达到上百吨。

塔架主要分为桁架型和圆筒型。桁架型塔架在早期风力发电机组中大量使用，其主要优点为制造简单、成本低和运输方便，但其主要缺点为不美观。通向塔顶的上下梯子不易安装，维修保养工上下塔架时安全性差。目前，圆筒型塔架在风力发电机组中被大量采用，其优点是美观大方，维修保养上、下塔架时安全可靠。塔架的结构材料可分为钢结构塔架和钢筋混凝土塔架，目前国内的风力发电机组的塔架主要为钢结构，见图3-3。

图 3-3　钢结构塔架

二、基础

陆地风力发电机组基础主要形式是：独立扩展基础，平台外形常见圆形和四边形。独立扩展基础一般使用在地质情况良好，浅层持力层地基承载力足够，浅层无软弱下卧层的情况。独立扩展基础为重力型基础，依靠基础本身的重力来克服上部结构产生的各种外力，因此独立扩展基础随着风机容量的增大，载荷的升高，其材料用量也显著增长。

海上风力发电机组基础一般采用全钢制单桩型基础，无过渡段，长度、桩的最大直径、重量根据具体机位点的地质情况和高程情况会有所区别。单桩主要靠桩端及桩壁与泥土间的阻力承受载荷。

三、塔架和基础的维护

为了便于塔架运输与现场安装，可将其分段设计和连接。主要考虑到塔架的运输和安装，一般分为两段、三段或四段塔架，在塔架各段之间、塔架与基础之间，以及塔架与机舱之间均为法兰接头，通过高强度螺栓连接。

在塔架上安装有爬梯，维修保养工通过攀爬爬梯登上机舱维护，在每一个塔架的法兰连接处都设置有维护平台，维修保养工可在维护平台上对塔架螺栓进行维护和保养。

塔架和基础维护和保养须知如下。

（一）塔架和基础表面的维护

通过目测的方式检查塔筒内外、基础环漆面损伤、油污，以及是否有起泡、脱落的状况。如果发现漆层脱落，应先使用砂纸将锈迹和灰尘去除后，再将白色环氧富锌漆均匀地进行涂抹。如果塔筒表面存在裂纹、损伤等破损情况，应将风力发电机组停机，需要由塔架和基础专业人员进行处理。

（二）入口门及密封的维护

塔架门如果开关不灵活，可以通过调整门轴或校正门板来处理，如在门轴处可采取加注润滑油的方式来维护。门销插拔如果不顺畅，可以对其进行校正。如果塔架门密封胶条破损，需要更换新的胶条。如果密封胶条脱落，需要用胶黏贴。另外，还须检查门锁是否可以正常开关，见图 3-4。

图 3-4　塔架门

（三）百叶窗的维护

塔架门和柜体上的百叶窗起通风散热的作用，如果百叶窗和过滤网上有灰尘和杂物，可以使用高压气吹扫或者用水来清洗，以使得塔架和柜体的散热正常，见图 3–5。

图 3–5　滤网清洗

（四）接地电缆的维护

（1）检查基础接地扁铁连接是否牢固。

（2）接地汇流排无开焊、无裂缝、无锈蚀，接地线缆压接面涂抹导电膏，线鼻子连接面无焊渣、无防腐漆。

（3）连接柱无锈蚀，螺栓连接紧固，电缆固定螺栓紧固。

（4）线鼻子连接面无焊渣、无防腐漆。

（5）电缆连接压接面须涂抹导电膏。涂抹导电膏规范要求：在没有镀锡处理的接地部位使用，镀锡线鼻子与镀锡铜排之间的连接不使用。使用时，只须涂上薄薄的一层，将表面不平整的地方填平，以达到增加接触面积的目的。接地部分连接（包括接地排、接地扁铁、接地耳板处）处理，需要将连接部分表面的油漆、杂质和不平整的部位用磨光机打磨处理，并在打磨处理过的表面涂抹导电膏。

（五）爬梯的维护

爬梯是从塔底通往机舱的通道，在攀爬爬梯前，应对爬梯进行检查。首先，应对爬梯的外观进行检查，检查一下爬梯有无松动和变形。如果爬梯存在松动，应该紧固连接螺栓；如果存在变形应该对其纠正。其次，目测爬梯有无裂纹和无损伤。另外，爬梯与塔筒壁的连接处应固定牢固，无松脱。

在每个维护平台和爬梯处均存在通道，通道上设有盖板，维修保养工每次通过通道后，都需要盖好盖板防止跌伤。同时，还要检查爬梯周边照明设备及各连接处的接头，以及电缆夹板处的电缆有无老化和松动情况。

（六）升降机的维护

因塔架越来越高，所以在塔架内使用升降机已成为趋势，这样也便于维修保养工对风力发电机组顶舱部分的器件进行维护。升降机是依靠导向钢丝绳或塔壁上的导向梯沿悬挂在横梁上的钢丝绳做上下运行的运输设备，见图 3-6。

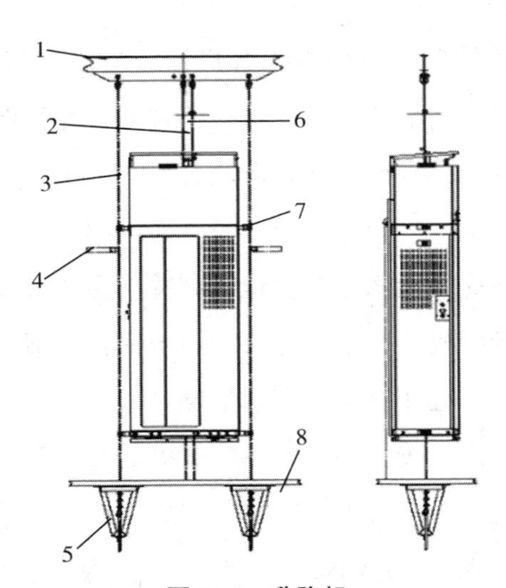

图 3-6　升降机

1-吊点悬梁；2-工作绳；3-导向绳；4-导向绳固定装置；5-导向绳下侧紧接器；6-安全绳；7-钢丝绳导向装置；8-升降机起始平台

1. 操作方法

安全出入时，应注意以下两点。①操作升降机下降直至下限位开关被触发，此时升降机停止运行，或操作升降机上升到达塔筒的作业平台上；②打开升降机门及升降机围栏出/入升降机。

停止/紧急停止时，①按“停止”按钮，升降机将立即停止；②如果升降机不能停止运行，可迅速按下“急停”按钮，升降机将会被切断控制电路和电源，从而强制升降机停止运行。

正常操作时，①旋转“紧急停止”按钮使其复位；②按住“上升/下降”按钮，以控制升降机上下运动；③升降机下降到触发了下限位开关时，升降机停止下降；④释放“上升/下降”按钮，升降机将停止运行。

自动模式时，①按下“急停”按钮，旋转模式开关至自动模式下，再旋转“急停”按钮使其复位；②关闭升降机门；③按下“上升/下降”按钮，升降机将自动上升/下降运行；④按下“停止”按钮后，调至手动模式下。

2. 升降机整体维护

（1）升降机每次使用前，应检查提升机、安全锁和其他的辅助设备（限位开关，钢丝绳导向轮等）完全处于完好状态，且不存在任何安全隐患。

（2）检查工作绳和安全绳是否正确地穿过相应的导向滑轮，无相互缠绕现象。

（3）钢丝绳的末端应在地面上单独地卷起并由夹紧装置夹紧。

（4）检查载荷，升降机装载不得超过额定载荷，一般不超过125%。

（5）在使用过程中，应注意是否有异常噪音。

（6）首次使用提升机应按照不同升降机厂家的要求定期更换润滑油。

3. 功能检测

对升降机的检修维护，应分别对其器件功能做定期的检查和维护，下面介绍一下器件功能的测试方法。

（1）“急停”按钮。关好升降机门，按下操作盒上的“急停”按钮。此时，无论按“上升”按钮，还是按“下降”按钮，升降机都不会运行；顺时针转动“急停”按钮使其弹起，升降机可重新恢复正常操作。

（2）“上限位”开关。在升降机上升的过程中，手动触发“上限位”开关或压下“上限位轮廓”，升降机会立刻停止上升；释放“上限位”开关或“上限位轮廓”后，升降机便可以继续上升。

（3）“下限位”开关。在升降机下降过程中，轮廓限位如果遇到障碍，触发“下限位”开关，升降机便会立即停止向下运行。

（4）“门禁”开关。在未关门的情况下进行操作，升降机的所有按钮均不起作用；只有电梯门关闭后，升降机才会运行。

4. **安全锁**

安全锁应保持清洁并经常使用油进行润滑，这样才不会损坏安全锁的锁紧功能。安全锁的功能检查如下。

（1）检查安全锁制动杆，测试制动功能是否正常，见图 3–7（a）；

（2）检查安全锁解锁操作手柄的复位功能，见图 3–7（b）；

（3）释放安全绳地面夹紧装置，用手拉绳检测安全锁的锁绳情况，见图 3–7（b）。

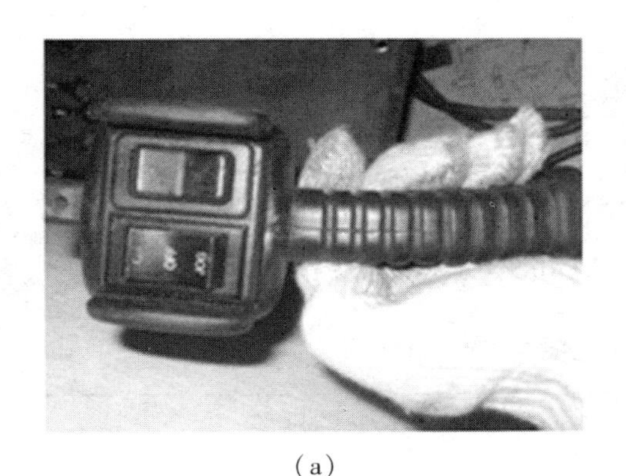

（a）

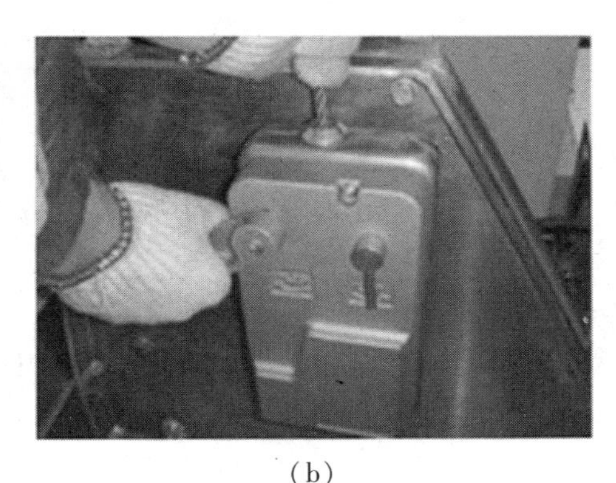

（b）

图 3–7　安全锁制动与复位

5. **安全绳的检查维护**

为保持钢丝绳清洁，可在电梯厂家的指导下，涂抹钢丝绳专用润滑油。检查电缆绝缘层和接口是否正常，以保证钢丝绳正确顺畅地通过导向轮。如有电缆损坏的情况应立即更换电缆，见图 3–8。钢丝绳如果出现以下五种情况，必须予以更换。

（1）钢丝绳出现断股或断丝超过 8 根以上的现象。

（2）钢丝绳表面或内部出现严重腐蚀。

（3）过热损坏，钢丝绳明显变色。

（4）与原直径相比，钢丝绳变细超过 5%。

（5）钢丝绳表面有破损。

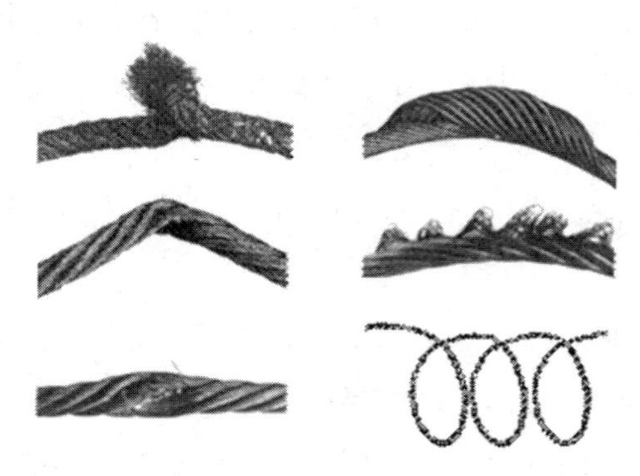

图 3-8　钢丝绳损坏

（七）助爬器的维护

1. 使用助爬器攀爬的方法

（1）设定比重。根据表 3-1“比重表”，调节提升力调节旋钮，选择合适提升力（例如 50 kg 及以下，提升力 30~50 kg 可选），见表 3-1。

表 3-1　比重表

攀爬人员体重（kg）	提升力（kg）
50 kg 及以下	30~35 kg
50~60 kg	35~40 kg
60~75 kg	40~45 kg
75 kg 及以上	45~50 kg

此时转换开关应处于“助爬”位置。

（2）接通动力（电源）。连接电源快速连接插头给助爬器供电，按下“移动主机电源”按钮，信号灯显示绿色，此时助爬器已显示准备好可以使用。

（3）安全带连接直梯防坠落装置和助爬器环带上挂钩并正确关闭。

（4）助爬器的启动运行。用手向上或向下快速拉动环带（也可采用身体下蹲拉动环带），环带很快拖动驱动滑轮装置，驱动环带提供连续的提升力。由于助爬器能自动跟踪判断人员攀爬速度而自动调节环带的提升速度，因此人员在攀爬时可以任意速度进行攀爬。

（5）停止助爬器运转（中途临时休息/到顶）。要停止助爬器运转，攀爬人员在爬梯上保持身体静止状态，依靠攀爬人员自身重量，挂钩将锁住向上运转的环带，保持约 3 秒钟后，电动机自动停止运行，环带提升力消失。攀爬人员临时休息后，若需继续上爬，用手向上或向下拉动环带（也可采用身体下蹲拉动环带），此时电动机重新启动，攀爬人员依靠环带提升力继续上爬直到塔筒顶部。

2. 结束和保养

关闭移动主机面板上的电源开关，电源绿色信号灯熄灭。

将移动主机的电源快速连接插头脱离，将移动主机脱离下端驱动单元，存放到以后便于取用的地点。

（八）螺栓的维护

螺栓是配用螺母的圆柱形带螺纹的紧固件是由头部和螺杆（带有外螺纹的圆柱体）两部分组成的一类紧固件，需与螺母配合使用，用于紧固连接两个带有通孔的零件。如把螺母从螺栓上旋下，又可以使这两个零件分开。风力发电机组上存在成千上万只螺栓，且规格形状各异，因此维护和保养螺栓是维修保养工的重要工作之一。

螺栓按照性能等级分为 3. 6、4. 8、5. 6、5. 8、8. 8、9. 8、10. 9、12. 9 八个等级。其中，8. 8 级以上（含 8. 8 级）螺栓材质为低碳合金钢或中碳钢并经过热处理（淬火+回火），通称为高强度螺栓，8. 8 级以下（不含 8. 8 级）通称为普通螺栓。

塔架内的螺栓和其他各系统的螺栓检查规范相同，均须采取如下的操作方法对其进行安装前和定期维护检查，详见表 3-2。

表 3–2　螺栓检查规范

序号	检查螺栓	检查周期	检查方法	检查要求
1	涂抹螺纹锁固胶或使用自锁螺母的螺栓	每年检	目测或者用手触摸	目测螺栓防松标记线是否错位。如果出现错位，拆卸螺栓，重新涂抹螺纹锁固胶后按照施工力矩值进行紧固；使用自锁螺母的螺栓，更换自锁螺母后按照施工力矩值进行紧固。紧固后重新做防松标记，应使用与上次不同的防松标记的颜色。如螺栓无防松标记，可采取用手触摸方式检查，螺栓或螺母无松动为正常；如有松动，按“防松标记错位”的螺栓处理方式处理
2	电气连接螺栓	每年检	目测	目测螺栓防松标记线是否错位，如错位，断电后对该节点的所有螺栓进行紧固，紧固力矩为螺栓的施工力矩。紧固后重新做防松标记，应使用与上次不同的防松标记的颜色
3	涂抹固体润滑膏的螺栓	安装时检	全部紧固	按照施工力矩全部紧一遍，并及时做好防松标记（防松标记颜色与施工时的颜色不同，予以区别）。对于沿海及海上机组，紧固螺栓后先刷冷喷锌，再做防松标记
		每年检	抽检	每个节点抽取 10% 的螺栓数量，要求按圆周均布方式抽取，被抽取螺栓使用“△”标记。当再次抽取时，选择其他螺栓进行检验（不少于 1 个）。采用施工力矩的 90% 检查，如有一颗螺栓松动，则整个节点的螺栓按施工力矩全部紧固一遍。紧固后，重新做防松标记，应使用与上次不同的防松标记的颜色

注意，在对电气螺栓进行检查和紧固之前，先断开螺栓所在回路的电源，并对地进行放电，确保螺栓所在回路不带电之后方可进行检查和紧固。

采用液压扭矩扳手检查时，应确保其力矩误差在±3%范围之内；采用手动力矩扳手进行检查时，应确保其力矩误差在±5%范围之内。

1. **防松标识和防腐的规定**

同一台机组螺栓的防松标记颜色应一致为红色（在没有红色的条件下，可用黄色代替），标记宽在 3~4 mm 范围，标记长在 15~20 mm，防松标记在长度方向无间断。防松标记不能画在六角头的棱边上，要求画在标记面的中间部位。待防松标记完全晾干后，用排笔在每个螺栓和垫圈的裸露表面涂 MD-硬膜防锈油，做防锈处理，要求清洁、均匀、无气泡，见图 3-9。

图 3-9　螺栓防松防腐处理

2. **涂抹螺纹锁固胶**

螺栓的螺纹旋合面涂螺纹锁固胶，涂抹长度为螺纹的旋合长度，宽度约为 3 mm，见图 3-10。

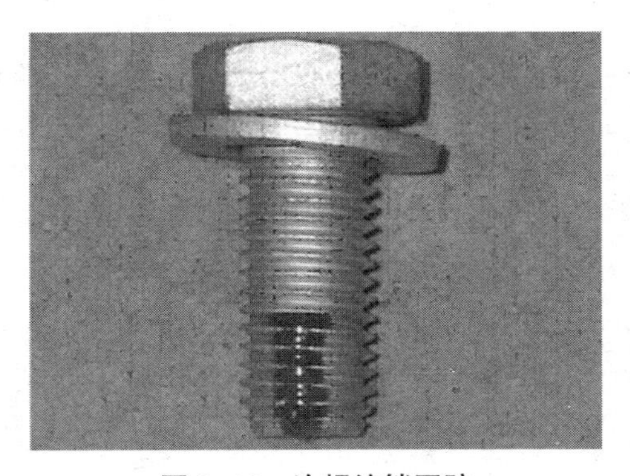

图 3-10　涂螺纹锁固胶

3. **涂抹固体润滑膏**

螺栓的螺纹旋合面和螺栓头部与平垫圈接触面涂固体润滑膏，用油漆刷在螺栓的螺纹旋合部分涂润滑膏一周，长度应为螺纹旋合长度。螺栓头部下端面（与平垫圈接触的端面）也应涂固体润滑膏，见图 3-11（a）、图 3-11（b）。**注意**：涂过固体润滑膏的螺栓应在 4 h 内完成安装，螺栓的力矩值应在 24 h 内紧固完成。

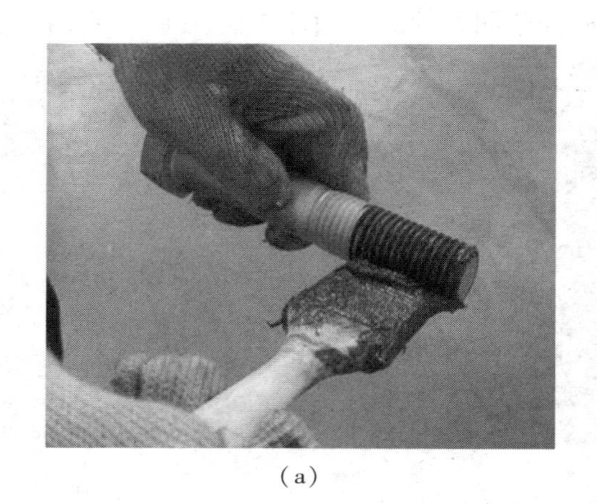

（a）

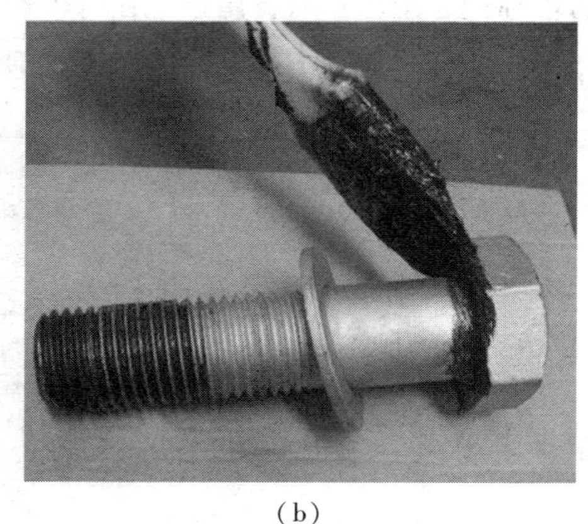

（b）

图 3-11　螺纹处及头部涂抹润滑膏

（九）塔架和基础的其他维护项

（1）通过目测的方式检查塔架体上是否存在裂纹，如果塔架上存在裂纹，应该请专业的塔架技术人员进行处理。

（2）在基础检查方面，如果基础回填土出现沉降，一般明显沉降超过 10 mm，就表明基础存在问题，需要进行记录，并请基础专业人员进行处理。

（3）应注意塔架内的清洁卫生。观察塔架内主要部位是否有油污和灰尘，基础内有无进水和昆虫。如果有积水和昆虫，应予以清除。

第三节　机舱机械部分维护

一、机舱罩

（一）机舱罩介绍

机舱罩外表面是白色胶衣，内部为玻璃钢结构。胶衣保护内部的树脂不受紫外线分解，防止玻璃钢的老化，玻璃钢用以保护机舱内部零部件不受冰雹等冲击破坏。机舱各片体连接处有密封胶条并在外部涂机械密封胶，防止雨雪进入机舱内部，见图 3–12。

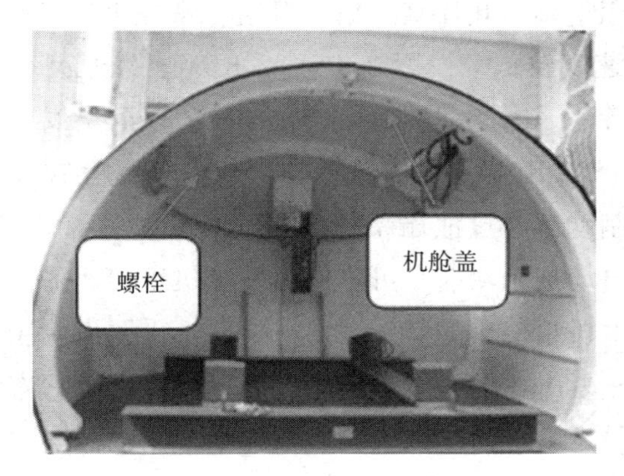

图 3–12　机舱罩

机舱罩及其内部所有部件均安装固定在底座上，因此底座可以传递所有来自叶轮、发电机或塔架的静态和动态载荷。底座通过偏航轴承与塔架连接，这样机舱在偏航机构的驱动下使叶轮对准风向，主要的零部件都安装在底座上。底座与发电机定子轴承连接，通过叶轮锁定系统锁定叶轮后，可以通过底座内的安全门直接进入叶轮进行维护工作。

（二）机舱罩的维护

机舱内的主要机械维护内容包括：机舱罩本体检查和维护、平台踏板检查、灭火器检查等，并应达到以下标准。

（1）机舱罩外表应无裂纹、损伤及漏雨现象，机舱罩密封良好。

（2）机舱盖密封性正常，天窗可以正常打开，天窗把手、玻璃及其密封应完好。

（3）如发生机舱罩损坏和密封不良问题，应及时处理，否则机舱罩漏雨可能导致电气部件短路，腐蚀机械部件，甚至还会造成机舱罩分裂。

（4）目测机舱内平台踏板无裂纹和无损伤。

（5）检查灭火器是否在有效期内，固定是否可靠。

二、液压系统

（一）液压系统的作用

液压系统主要用于调节叶片桨距角、阻尼、停机和刹车等。

由于叶轮旋转速度较低，一般在 14～23 RPM。失速型和双馈型风力发电机组的发电机需要高转速，因此应配备齿轮箱加速，以满足发电机的速度需求，一般四极电机转速为 1500 RPM。在齿轮箱的高速刹车盘上安装有高速制动器。在正常情况下，高速制动器通过液压系统的驱动力使制动器松闸。在紧急情况下，高速制动器可实现自动抱闸功能，可将风力发电机组转速降低直至停止。

直驱型风力发电机组使用的是同步发电机，不需要齿轮箱为发电机升速，因此液压系统主要用于发电机转子刹车。当风电机组在停机状态时，可通过控制液压系统的驱动力，将发电机定子上的制动器抱闸，制动器抱紧转子的刹车盘，促使转子转速降低直至停止，以便于锁定转子。

定桨距风力发电机组的液压系统对叶片所起到主要作用为：当叶轮旋转时，液压系统使叶片内的液压缸拉伸，液压缸拉动叶尖保持在正常运行位置。当停机时，液压系统释放叶尖的液压压力，在离心力和弹簧力的联合作用下，叶尖沿转轴转动到刹车位置，使风机停机。

另外还有一部分风力发电机组设计时采用液压变桨的控制方式，通过液压缸的驱动力使叶片在一定角度范围内旋转，达到调节叶片桨距角的目的。

（二）液压系统的组成

以某型号液压系统为例，液压系统由液压站本体、液压油管和制动器部件组成等，见图 3-13 和图 3-15。

图 3-13　液压系统功能元件

1-蓄能器（7）；2-偏航余压阀（12.4）；3-压力表（6）；4-空气过滤器（1.5）；
5-手阀（11.2）；6-手阀（6.1）；7-手阀（7.1）；8-油位计（1.4）；
9-手动泵（13）；10-放油球阀（1.8）；11-压力继电器（10）；12-电磁阀（9）；
13-安全阀（5）；14-电磁阀（12.1）

图 3-14　液压系统功能元件

15-电磁换向阀（12.2）；16-手阀（12.6）

图 3-15　液压系统功能元件

17-污染指示器（3.1）

1. 压力继电器

压力继电器（10）的作用是监测液压站的系统压力。当系统压力降低到设定值约 150 bar 时，压力继电器发讯给 PLC 控制器。控制器收到信息后发出指令控制液压泵工作建压，直至系统的压力达到系统最高压力设定值 160 bar 时，压力继电器发讯给控制器发出指令，液压泵停止工作。最高压力设定值可通过旋动头部螺栓调整，顺时针旋转压力设定值增大，逆时针旋转压力设定值减小。

压力继电器有柱塞式、膜片式、弹簧管式和波纹管式四种结构形式。下面介绍柱塞式压力继电器（见图 3-16）的工作原理。外面的压力通过小柱塞与压在滑块上的弹簧力平衡，柱塞上的压力由弹簧力的大小而定。弹簧力可由另一侧的螺丝来调节，调好后可用锁紧螺丝锁紧。滑块在弹簧力作用下使微动开关处在压下状态，而当作用在小柱塞另一侧的外部压力达到调定值时，小柱塞推动滑块移动，释放微动开关。

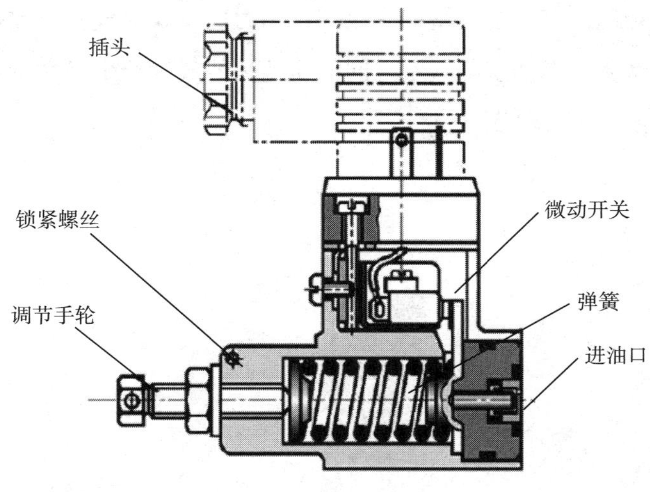

图 3-16　压力继电器

2. **压力表**

压力表为机械式压力表，由接头、弹簧管、机芯三个主要部件构成。其作用是实时显示系统压力值。

3. **蓄能器**

液压站设有一个蓄能器，蓄能器是用以储存液压油的压力能，在需要时能将此能量释放出来完成有用功的装置。蓄能器是液压系统中的一种能量储蓄装置。它在适当的时候能将系统中的能量转变为压缩能或位能储存起来，当系统需要时，又能将压缩能或位能转变为液压能或气压能等而释放出来，重新补供给系统。当系统瞬间压力增大时，它可以吸收这部分的能量，以保证整个系统压力正常。它的主要功能包括以下五个部分。

（1）对液压泵间歇工作时产生的压力进行能量储蓄。

（2）在液压泵损坏时作紧急动力源。

（3）当系统存在轻微泄露时，可补偿一部分因泄漏损失的压力。

（4）缓冲周期性的冲击和振荡。

（5）补偿温度和压力变化时所需的容量。

蓄能器按加载方式可分为弹簧式、重锤式和气囊式。

风力发电机组液压系统蓄能器一般使用的为气囊式蓄能器，蓄能器把高压容器分隔为气囊和储油室，在气室中充以一定压力的干燥氮气等，储油室则通过限位阀接入液压系统，靠油室与气室之间的压差迫使气体产生弹性变形，从而使储油室储存或释放压力，见图 3-17。

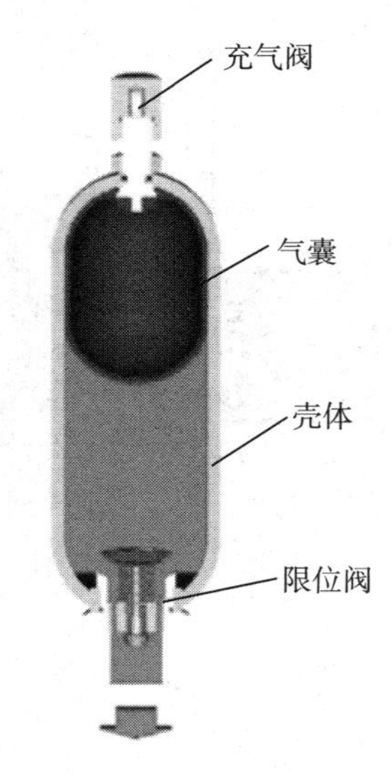

图 3-17　气囊式蓄能器

4. 手阀

手阀在维护时操作，主要用于打开和关闭油路。一般顺时针旋转为关闭，逆时针旋转为打开。手阀的主要功能有以下四种。

（1）手阀关闭后可切断偏航制动回路与系统之间的通路，系统压力不能进入偏航制动回路。

（2）手阀主要在更换压力表时使用。手阀关闭后，可实现在液压系统不停机、不卸压的情况下更换压力表。

（3）手阀打开后可卸去系统主回路，以及蓄能器中的压力，以便对主回路和蓄能器进行维护。但此手阀不能够卸除偏航回路中的压力。

（4）手阀用于维护时卸除偏航系统的压力。

5. 安全阀

安全阀的主要作用是安全限压作用，保证系统压力始终不高于 200 bar，是对液压系统压力的保护。出厂时该设定值已设定完毕，禁止调整。

6. 偏航余压阀

在机组偏航时，偏航余压阀为偏航制动回路提供 24 bar 压力，以缓冲偏航时产生的冲击，使偏航系统启停平稳过渡。偏航余压值大小可调，调节范围20 bar~30 bar。

7. 过滤器

（1）过滤器串接在油泵出油口，用于过滤进入系统的液压油。

（2）过滤器串接在偏航卸压回路，用于过滤制动器内部的杂质颗粒，可防止偏航制动器中的杂质进入油箱。

（3）空气过滤器安装在油箱上，油箱内的油位在油泵工作中和油温发生变化时会上下波动，油箱内的空气压力会随着增大或减小，空气过滤器可保证油箱内空气与外部空气产生对流，使油箱内的气压稳定不致过大，同时也能阻止外界杂质的进入。

8. 油位计

油位计用来监测油箱内液压油的油位。当油位低于最小限定值时，油位开关动作，计算机收到信号后会发出故障信息，风机正常停机。在油位计上装有一个油位观察窗，可清晰地显示当前的油位。

9. 手动泵

液压系统手动泵主要实现在系统断电的情况下提供应急能源。它在液压系统中起着与电动液压泵一样的功能，提供系统工作压力。为配合手动泵在系统断电情况下或在检修时转子制动器能够实现制动，控制转子动作的电磁阀配备有手动控制限位功能。

10. 电磁阀

电磁阀用于卸除偏航制动器中的压力或执行偏航制动器中杂质过滤功能。

（三）液压系统的维护

液压系统维护应注意以下事项：在液压泵站维护工作完成之前，电闸必须断电，且在维护工作中，确保电源是断开的。在维修液压系统之前（拆卸阀或断开连接处)，整个液压系统须先释放压力。

（1）为了防止泄漏和外部的损坏，泵站上所有的硬管、软管、阀体接头，以及管道的连接处必须定期检查，至少每六个月检查一次。

①外部材料的损坏，包括裂缝、严重弯曲、隔离物、割裂、磨损等。

②在无压力和有压力状态下的管路的变形。

③软管与管接头之间的泄露。

（2）通过油窗检查油位。油位应在观察窗（油窗）的 2/3 处，如果液压油位太低，须补加液压油。

（3）检查压差发讯器。通过压力判断滤芯是否堵塞的装置，如绿圈变红时，提示需更换过滤器，同时更换液压油。

（4）每年应检查液压油的清洁度。如不合格，应予以更换。

（5）观察液压站压力表，在 150~160 bar 为“合格”。若不合格，调整 P10，直到压力值为 150~160 bar 为“合格”，并做好记录。用活动扳手旋松 P10 上的螺母，用活动扳手旋转螺栓，顺时针方向压力值增大，逆时针方向压力值减小。压力值调整结束以后，旋紧螺母。

（6）操作机舱维护手柄，使机组偏航动作，观察偏航余压表读数，偏航余压读数 20~24 bar 为“合格”。如不在合格范围内，应调整余压调整阀。调整的方法是：使用活动扳手，松开锁母，顺时针旋转，余压增加；逆时针旋转，余压减少。调整完毕后，锁紧锁母。

（7）检查电磁阀电源插头有无松动。如存在松动，需要对其进行紧固。

（8）需要清理液压站表面的尘土。如液压站接油盒内存在废油，应将接油盒内的油脂进行擦除和清理。

（9）测试液压刹车抱闸反馈功能。操作液压站转子制动器电磁阀锁定叶轮，主控由维护状态切换到正常状态，主控面板应报液压刹车抱闸反馈故障。

三、偏航系统

（一）偏航系统的工作原理

风力机的偏航系统也称为对风装置，其作用在于当风速矢量的方向变化时，能够快速平稳地对准风向，以便风轮获得最大的风能。

其工作原理为：风向标作为感应元件将风向的变化用电信号传递到 PLC 控制器内。经过比较后，处理器给偏航电机发出顺时针或逆时针的偏航命令，偏航电机带动减速器，在偏航轴承的转动下带动机舱和叶轮偏航对风。当对风完成后，偏航电机停止工作，偏航刹车系统制动，偏航过程结束。

偏航系统制动分为两部分。一部分是与偏航电机直接相连的电磁刹车。采用安全失效保护方式，在偏航时，电磁刹车通电，刹车释放；当偏航停止后，电磁刹车断电，刹车机构依靠自身弹簧将电机抱闸锁死。

另一部分是液压刹车。PLC 根据测风系统采集的信号，启动偏航主动对风，此时释放偏航制动器压力但保持一定的余压，偏航过程始终保持一定的阻尼力矩，阻尼力矩可以减少风机在偏航过程中的冲击载荷，避免偏航齿轮损坏。对风完成后，液压系统提供偏航制动器压力，制动器的摩擦片紧压在刹车盘上以确保足够的制动力，使偏航系统刹车在固定位置。

偏航保护包括偏航过载保护和扭缆保护等，偏航过载保护采用热敏电阻传感器保护，防止偏航电机过载。扭缆保护采用偏航凸轮计数器保护，当偏航位置达到设定值后，凸轮触点动作，起到偏航扭缆保护的功能。

（二）偏航系统的组成

风电机组一般采用电动偏航系统来调整风轮并使其对准风向。偏航系统组成主要包括偏航驱动结构（偏航电机与减速器）、偏航轴承、偏航刹车盘和偏航制动器等，见图 3-18 和图 3-19。

图 3-18　偏航机构

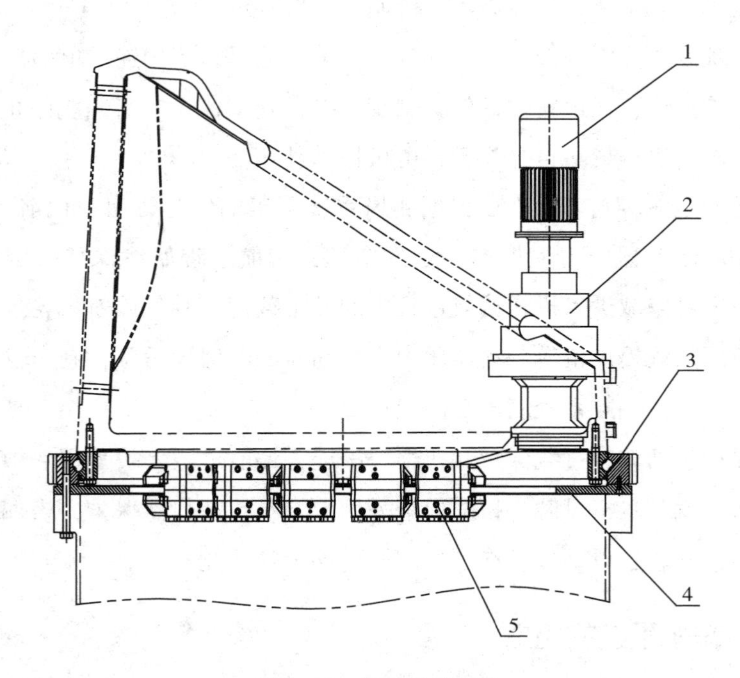

图 3-19　偏航系统组成

1-偏航电机；2-偏航减速器；3-偏航轴承；4-偏航刹车盘；5-偏航制动器

1. **偏航电机**

偏航电机是多极电机，一般为交流电机，电压等级为 400 V，内部绕组接线为星形，采用接触器直接投切方式。

电机的轴末端装有一个电磁刹车装置，用于在偏航停止时使电机锁定，从而将偏航传动锁定。附加的电磁刹车手动释放装置，在需要时可将手柄抬起刹车释放。

电磁刹车装置主要由励磁部分（磁轭、制动线圈、制动弹簧和衔铁）、制动盘、压力盘等主要零部件组成。励磁部分通过固定螺钉安装在机座上，旋合固定螺钉调整工作间隙至规定值后，反向旋出空心螺栓，顶紧励磁部分。当制动线圈断电时，在制动弹簧的作用下，压力盘和制动盘接触产生摩擦力，通过电机轴使电机制动。当制动线圈通电后，在电磁力作用下，压力盘被吸向制动线圈，使其与制动盘分开，电机轴制动解除，见图 3-20。

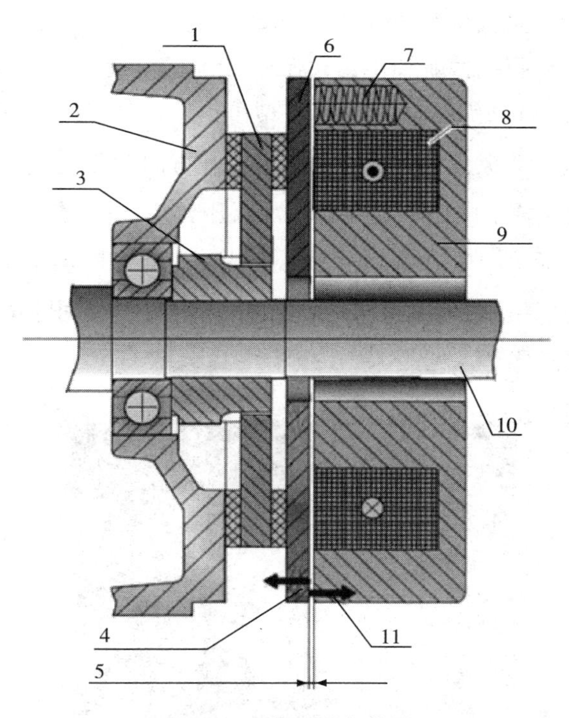

图 3-20　电磁刹车装置

1-制动盘；2-制动端盖；3-轴套；4-弹簧力方向；5-工作间隙；6-压力盘；7-制动弹簧
8-制动线圈；9-制动线圈座；10-电机轴；11-电磁力方向

偏航电机的维护内容包括以下三个方面。

（1）偏航电机电磁刹车，使用塞尺测量电磁刹车间隙，一般间隙在 0.5~

1 mm表示正常，如超出这一范围，需通过螺栓调节到正常范围。如摩擦片单边磨损≤2.5 mm，必须更换摩擦片。

（2）观察偏航电机电缆固定是否牢固，确保接地线连接可靠。

（3）观察偏航电机接线盒内接线柱无松动，如果松动则需要对其进行紧固。

2. 偏航减速器

减速器的作用为将偏航电机发出的高转速低扭矩动能转化成低转速高扭矩动能以驱动偏航轴承。为保证偏航小齿轮与外齿圈的啮合良好，其啮合间隙应在适合的区间内。这个间隙在组装时就已经调整完成。但在更换偏航减速器后，必须对偏航齿轮啮合间隙进行再次检查，如间隙不符合要求，可通过转动与底座面接触的偏航减速器偏心盘进行调整。见图 3-21。

调整方式为，寻找到偏航轴承齿顶圆的最大标记处，在该处调整齿侧间隙，保证齿侧啮合的双边间隙在 0.5~0.9 mm 范围内。一般采用压铅丝法测量偏航小齿轮与外齿圈的啮合间隙，两个铅丝在轮齿齿长方向对称放置，上下铅丝的距离为 70~80 mm。启动两个电机驱动偏航轴承碾压铅丝，使用卡尺测量铅丝的双面厚度（即为齿侧双面间隙）。若间隙偏小则将偏航减速器向“E”的方向移动（每经过一个孔位距离，约改变 0.2 mm 的啮合间隙）；若间隙偏大则将偏航减速器向“E”的反方向移动，见图 3-22、图 3-23。

图 3-21　调整齿侧啮间隙

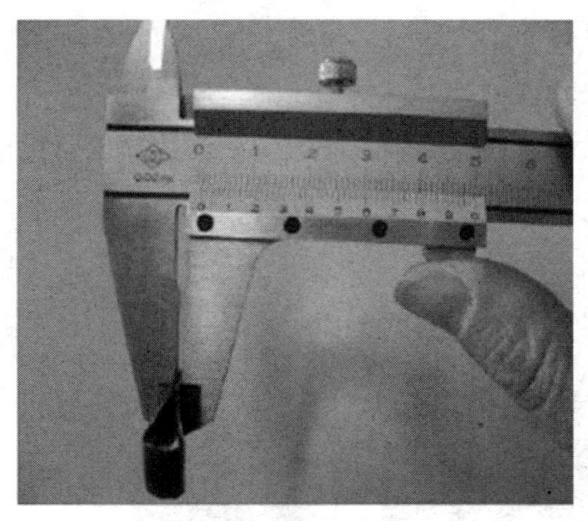

图 3-22　测量铅丝厚度

另外，偏航减速器的维护内容还包括以下三个内容。

（1）偏航减速器与底座连接螺栓紧固无松动。

（2）检查驱动齿轮及偏航轴承外齿圈有无异常，例如齿面磨损、裂纹和润滑不正常等。

（3）检查偏航减速器油位。在减速器的油窗处观测油位，如减速器周围温度高于 10 ℃时，润滑油位应在油位 2/3 以上至油位上限。如果减速器周边温度低于-10 ℃时，润滑油位应在油位下限至油位 1/2 之间。如减速器缺油，应使用扳手旋松取下加油孔处的螺帽，补加润滑油到正常范围内。如润滑油过多，可通过放油口放油到正常范围内，并对润滑油回收，见图 3-23。

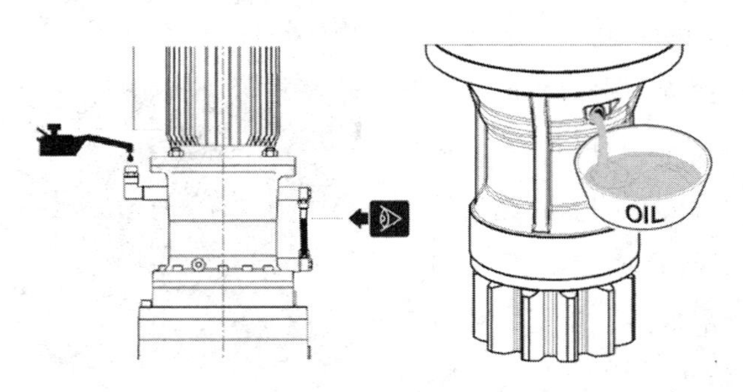

图 3-23　加油和放油

（4）偏航减速器润滑油油品检测。润滑油运行 3 年后需进行采样化验，如润滑油不合格必须更换新油，更换后每年需采样化验一次。

油品采样的方法和注意事项为，在放油口取样前应用大布将放油口擦拭干净，避免污染样品。油品取样前应偏航 10 min，这样做可保证油品在减速器内均匀分布。将放油口处的润滑油接到废油桶内，取中间的润滑油装入取样瓶内，取样瓶的容量为 100 ml，油品取样不得少于 90 ml；取好的样品应立即关盖密封保存。偏航减速器的实物和立体图见 3-24。

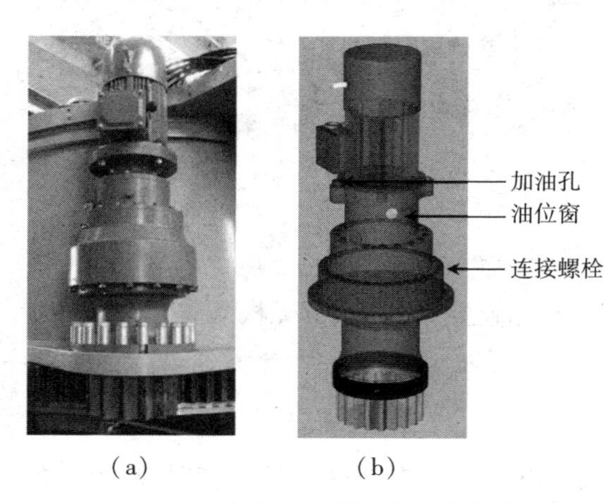

（a）　　（b）

图 3-24　偏航减速器实物和立体图

3. 偏航刹车盘

刹车盘是一个固定在偏航轴承上的圆环板。风机在运行过程中，如果液压油滴落到刹车盘上，就会降低摩擦系数，从而使刹车失效。如果刹车盘上有摩擦片粉末，在偏航过程当中就会形成油脂黏力破坏摩擦片造成的风机振动和噪音，对风机有很大的影响。因此当发生噪音时，现场要购置相应的工具和工装，将摩擦片全部拆除，用千叶片打磨表面 0. 5 mm，清理干净后再次安装使用。应及时擦除液压油，然后用清洁剂与水的混合液将其擦拭干净，见图 3-25。

图 3-25　刹车盘清理

4. **偏航液压制动器**

偏航制动器为液压盘式压力闸，由液压系统提供约 140 bar~160 bar 的压力，使刹车片紧压在刹车盘上（偏航刹车盘是一个固定在偏航轴承上的圆环），能够提供足够的制动力。偏航时，液压释放但保持 24 bar 的余压。这样一来，偏航过程中始终保持一定的阻尼力矩，可大大减少风机在偏航过程中的冲击载荷，见图 3-26（a）（b）。

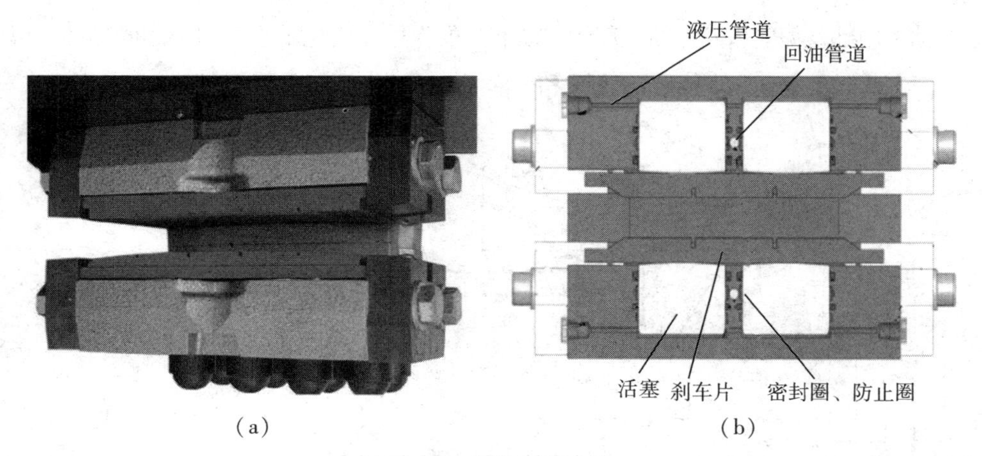

（a）　　（b）

图 3-26　偏航制动器

偏航液压制动器维护包括以下六个方面的内容。

（1）制动器两端的挡块与刹车盘的距离，每半年测量一次，如果距离 ≥2.5 mm，需要拆卸挡板调整。

（2）观察偏航制动器的液压油管接头处有无渗漏。如有渗漏，需先将液压系统释放压力，再紧固油管接头螺栓。

（3）检查偏航制动器闸间隙，建压前闸间隙应在 2~3 mm 之间，并保证上、下闸间隙一直，否则现场加垫片调整。机组运行之后，需要在定期和巡检中检查偏航制动器摩擦片厚度。当厚度< 2 mm 时，应立即更换，否则刹车片会造成偏航制动器液压缸磨损漏油。

（4）确保偏航制动器固定螺栓的紧固，且防松标记完整。

（5）检查液压油管接头是否漏油，如有漏油应进行处理，保持清洁。刹车盘油污染后要清理干净刹车盘，同时更换摩擦片。

（6）检查偏航制动器与底座的连接螺栓有无松动，力矩是否符合要求。

四、润滑加脂系统

（一）润滑系统介绍

风力发电机组的润滑系统是通过主控 PLC 控制器来自动控制的，每间隔一定时间控制器会自动开启润滑系统工作。通过润滑系统将油脂定时、定量、连续地输送到偏航轴承内部及偏航齿轮齿面，起到自动润滑的作用，避免了手动润滑的间隔性，以及润滑不均匀的问题（例如，过润滑和欠润滑）。润滑系统原理图见图 3-27。

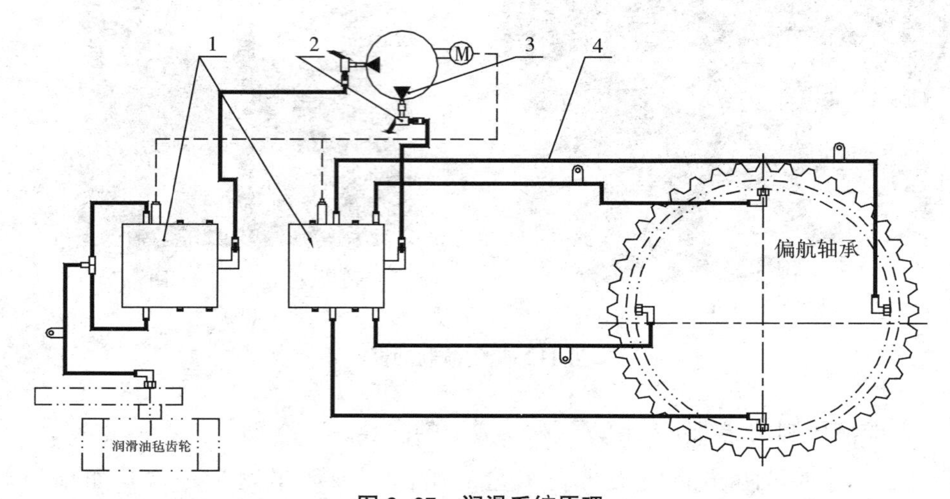

图 3-27　润滑系统原理

1-油脂分配器；2-安全阀；3-润滑泵；4-塑料胶管

（二）润滑系统组成

润滑系统组成主要部件有润滑泵组件（油箱、泵、低油位报警器）、管路接头、安全溢流阀、一级分配高压油管、油脂分配器、分配器堵塞检测装置、二级分配管路软管、轴承进油接头和齿面润滑油毡齿轮，见图 3-28 和图 3-29。

图 3-28　润滑泵

图 3-29　油毡齿轮

（三）润滑系统主要维护内容

（1）定期检查偏航润滑油箱中的油脂量，如果油脂量不足应及时添加。补脂过程中应确保润滑脂清洁，如有杂质或杂物，应清理干净。

（2）观察所有的油管和接头是否有渗漏现象，如有渗漏，应更换油管或紧固接头，并清除泄漏出的油脂。

（3）观察润滑系统中使用的胶管、树脂管是否有脆化和破裂，如有脆化和破裂，则应及时更换。

（4）检查电缆连接和固定。

（5）润滑系统功能测试。

①通过就地控制面板，激活“就地调试与控制”“调试与参数设置”“风机

常规控制”“润滑加脂开关按钮”，启动润滑泵，观察润滑器是否可以正常旋转，且旋转方向是否正确（旋转方向应与油箱上的箭头方向一致）。

②使用扳手拆卸偏航轴承内侧的四个注油接头。启动润滑泵，观察注油口处是否正常出油，润滑口如果能正常出油脂表明正常。

③启动润滑泵，观察润滑小齿轮是否能正常出油。润滑小齿轮如果能正常出油脂，表明润滑小齿运行正常。

第四节　发电机

一、发电机的分类

风轮可将捕获的风能转换成机械能，带动风轮主轴和传动机构旋转。连接在旋转轴上的发电机，作为风力发电机组的重要组成部分，在接收风轮输出的机械转矩随轴旋转的同时，将通过电磁感应原理，产生感应电动势，最终完成由机械能到电能的转换过程。

发电机的种类、形式繁多，在风力发电机组中使用的发电机可采用多种类型，因此形成的风力发电机组也呈现不同的结构和特点。发电机主要分为主要分为异步发电机和同步发电机两大类。

（一）异步发电机型

（1）笼型异步发电机。该发电机的容量一般在 1000 kW 以下，定子向电网输送不同功率的 50 Hz 交流电源。

（2）双馈异步发电机。该发电功率一般在 1000 kW 以上。定子向电网输送 50 Hz 交流电，转子由变频器控制，向电网间接输送有功或无功功率，见图 3-30 和图 3-31。

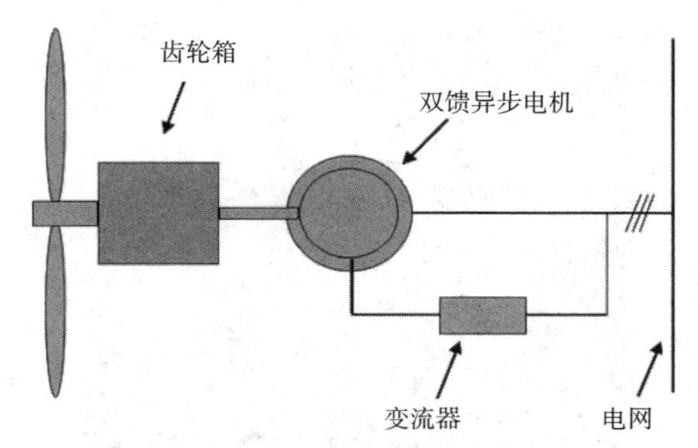

图 3-30　双馈异步风力发电机

图 3-31　双馈异步发电机

（二）同步发电机型

同步发电机根据励磁方式的不同，又分为永磁同步发电机和电励磁同步发电机，见图 3-32 和图 3-33。

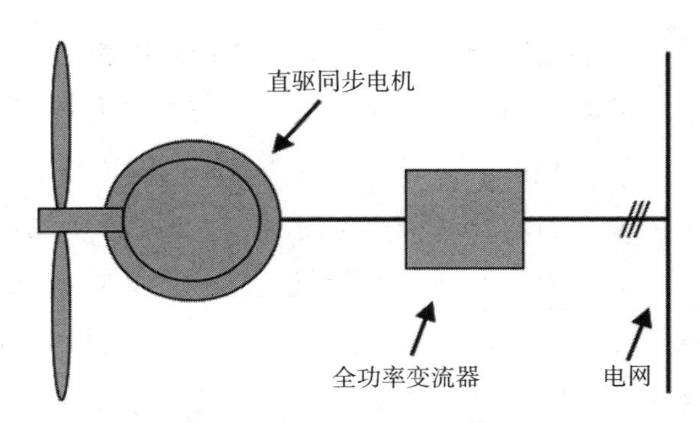

图 3-32　永磁同步风力发电机

图 3-33　永磁同步发电机

永磁同步发电机，一般设计功率在 1000 kW 以上，由永磁体产生磁场，定子输出经全功率整流逆变后向电网输送 50 Hz 交流电。电励磁同步发电机，由外接到转子上的直流电流产生磁场，定子输出经全功率整流逆变后向电网输送 50 Hz 交流电。目前，市场上主要为叶轮直接驱动发电机并网的机型，即直驱型同步发电机。

异步发电机成本低，控制简单，因此在 1000 kW 容量以下的机组中占据了主要优势。为了追求更高的运行效率，风力发电技术向着大型化和变速恒频运行方式等技术发展，目前市场上的风力发电机组主流机型是双馈异步发电机和同步发电机。

随着电力电子技术和微机控制技术的发展，双馈异步发电机正广泛应用于兆瓦级大型变速恒频并网风力发电机组。这种电机转子通过集电环与变频器连接，采用交流励磁的方式；在叶轮的拖动下随风速变速运行时，其定子可以发出和电网频率一致的电能，并且可以根据需要实现转速、有功功率、无功功率的复杂控制；在一定工况下，发电机转子也向电网馈送电能。

大型风力发电机组在叶轮和发电机之间装有齿轮箱，借助齿轮箱提高转速。如果风力发电机组取消增速机构，采用叶轮直接驱动发电机，则必须采用低速交流直驱同步发电机。

同步发电机提高了发电机的设计成本，但有效地提高了系统的效率和器件的可靠性，可以避免增速箱带来的诸多缺点，降低了噪音和机械损耗，从而降低了发电机组的运行维护成本。

二、发电机的组成

发电机由定子总成、转子总成和轴系总成等部分组成。其中，同步发电机定子由定子支架、铁心、绕组等部分组成。发电机转子由转子支架、磁钢（或励磁线圈）、端板焊合等部分组成，发电机转子通过螺栓固定在转动轴上，转动轴直接与轮毂连接并由叶轮驱动。发电机通过永磁材料黏帖在转子支架内壁上，产生磁场励磁，或通过在转子上安装励磁线圈的方式励磁。

三、发电机维护

在发电机维护中，须先将机组停机和断电，并锁定发电机转子，以防止发电机维护中带电作业而受伤。

1. 同步发电机维护

（1）发电机外观检查。检查外表壳体是否有破损和异物。

（2）检查电缆防护盒的螺栓（或铆钉）是否有松动或者脱落，接线螺栓是否牢固。

（3）检查风道防腐漆是否开裂、脱落和遭到腐蚀。检查转子、定子支架焊合，未发现油漆脱落、焊缝开裂、生锈现象为“合格”；如有异常，需要发电机专业人员对其进行维护。

（4）发电机在正常运行过程中，是否有异常声响；停机后在机舱听发电机自由旋转状态下的声音，以及转子加强环等部位有无落物滚动的声音。如有异常，及时维修。

（5）定轴、转动轴外观目测。检查转动轴有无损伤、裂纹和锈迹。

（6）检查轴承（前、后）的密封性。通过手电观察前轴承密封圈处，通过发电机观察孔观察轴承密封圈处。如果未出现油脂挤出并且密封圈未发现老化裂纹则为“合格”；如果轴承密封圈处有少量油脂挤出，用大布处理干净后则为“合格”；若密封圈出现老化裂纹，则需要专业人员进行维护。

（7）油脂加注。将润滑油脂装入油脂加注枪中，确保加脂工具的容器内和油管干净、无异物，且润滑脂内不得有任何异物；每个油嘴应均匀加注。异步发电机与同步发电机加脂方式不同，异步发电机要求在发电机低速转动时加注油脂。

（8）连接螺栓紧固。检查发电机固定螺栓有无松动。如有松动，须全部检查并紧固同型号螺栓；若发现螺栓断裂，需要将断裂螺栓及左右各三个颗螺栓全部更换，将更换下来的螺栓送检；防松标记颜色与施工时的颜色不同，应予以区别，螺栓紧固时应采用十字对角紧固方法。

2. 双馈发电机

电机维护必须由受过培训的专业人员进行，维护前必须先关闭电机以确保安全，维护时必须配备相应的保护措施，并做好维护记录。

根据电机运行环境，每年对电机进行一次整体清洁维护，检查所有的紧固件（螺栓、垫片等）连接良好，检查绝缘电阻是否满足要求。

轴承维护时须注意以下事项。

（1）加油周期　电机每 2000 h 运行加一次润滑脂，传动端加 120 g 油脂，非传动端加 120 g 油脂，加注润滑油脂需要在电机运转时进行，废油从集油器中排出。

（2）加油方式　电机带有自动注油器，传动端油管接在 1 号出口，非传动端油管接在 2 号出口，自动注油器平均 9 h 运行一次，每个轴承 2000 h 加入 120 g 油脂。若不使用自动注油器，可以使用润滑油枪进行手动注油，注油量同上。

（3）电机长时间停用，或更换轴承，或使用不同的润滑脂时都需要重新注油。注油顺序如下：整体卸下轴承，用乙醚或汽油彻底清除旧油脂（注意防火、防爆炸），汽油挥发后在轴承上注入新的油脂，要求安装时无尘土，在电机运行过程中再加入适量的润滑脂。

电刷维护时须注意以下事项。

（1）电机运行一周后，每隔 6 个月进行定期检查。关停电机，逐个取下电刷并进行检查，正常状态下电刷表面应该是光亮清洁的。

（2）检查电刷高度，电刷磨损和剩余高度不少于新电刷高度的 1/3。

（3）如果电刷监控系统报警，应更换所有电刷。

（4）在检查电刷的同时，还应该检查滑环状态，尤其是滑环、刷握、连线、绝缘和刷架，并进行必要的清洁。

（5）更换电刷前需要预磨电刷。

此外，还应对滑环进行维护。滑环的检查周期是6个月。滑环是电接触面，正常运行时会留下电刷的刷痕，滑环的表面质量反应出电刷的运行特性。电机静止时，观察滑环面，在运行500 h以后会出现小刷痕，小刷痕不会影响到滑环的安全运行功能。如果滑环表面有烧结点、大面积烧伤或者烧痕、滑环径向跳动超差等，则必须打磨滑环。如果滑环出现了小污点，可用木质研磨工具，不断按选装方向进行重磨滑环。此磨具必须与滑环的实际弯曲面一致，磨具和滑环之间夹一层细磨砂纸。另外，每6个月还应清洗滑环室一次，用毛刷仔细清洁滑环槽及其中间部位。

四、发电机绝缘的测量方法

（一）测量注意事项

（1）雷雨天气不能测量。

（2）必须将叶轮锁定后，发电机不再旋转时再进行测量。

（3）每次测试前和测试后都必须对绕组进行充分放电（将绕组对地短接），放电时间不少于2 min，以保证人身和仪器安全，提高测量准确度。

（4）测试时，人员不能直接接触绝缘表表笔、放电导线和发电机。

（5）为确保测量的是发电机自身的绝缘电阻，测量前应将发电机出线与所有关联器件断开，测量发电机出线侧的绝缘电阻。不同机型、不同配置的发电机，断开的器件不同，须对应电气原理图确认。

（二）测量步骤

以数字绝缘表Fluek 1508为例，测量电压1000 V，测量范围0.01 MΩ~10 GΩ。

（1）正常情况下，绕组的三相相通，需要测量每套绕组对地的绝缘值，并做记录。

（2）若发电机存在两套绕组，正常情况下绕组1的三相相通、绕组2的三相相通，还须测量每套绕组对地及绕组间的绝缘值。绕组间绝缘：选取绕组1中任意一相的一根电缆与绕组2中任意一相的一根电缆，测试两者之间的绝缘电阻。

（3）将图 3-34 中带有 test 测试按钮的白色表笔一端插入绝缘输入端子，黑色表笔一端插入公共端“COM”接口。两只表笔的另一端分别接触或夹在被测导线上，测量过程中确保夹持牢固。

（4）将旋转开关转至所需要的测试电压位置 1000 V 档位，按下表笔上的“TEST”健测量开始，电压逐步上升。一般首次测量时间为 1 min，见图 3-34。

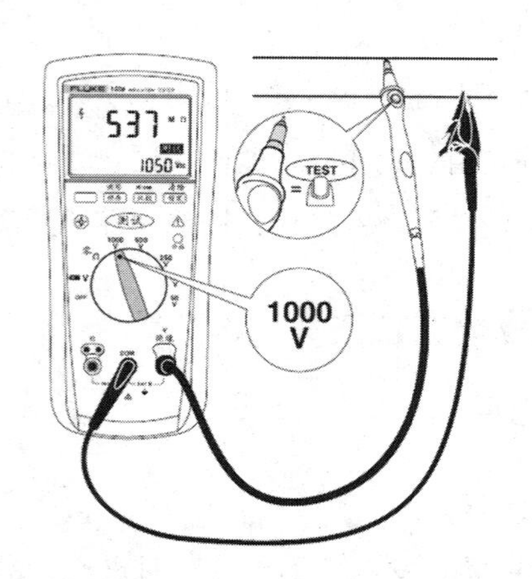

图 3-34　发电机绝缘测试方法示意图

（三）绝缘电阻标准

一般情况下，风力发电机组的绝缘值在 500 MΩ 以上，如果出现电阻值小于标准要求，需要电机专业人员采取必要的临时措施和提供解决方案。测试标准见表 3-3。

表 3-3　发电机绝缘电阻标准

湿度（%）	绝缘电阻（MΩ）	说明
——	>50	绝缘阻值正常
<50	<50	电阻绝缘值较小，应采取措施解决
>50	<50	需测量介电吸收比（DAR）和极化指数（PI），间隔一天测试一次，连续测试 3 次后，对比结果是否满足要求

注：极化指数（PI）是测量开始 10 min 后的绝缘电阻与 1 min 后的绝缘电阻之间的比率。介电吸收比（DAR）是测量开始 1 min 后的绝缘电阻与 30 s 后的绝缘电阻之间的比率。

五、发电机散热系统

（一）风电散热系统介绍

发电机散热系统一般采用水冷或风冷系统冷却。采用强制风冷冷却的系统热交换器，只进行能量交换，不交换气体。发电机的热空气经过管道，送至热交换器冷却，再返回到密闭的机舱内，通过滤盒及轴向滤盒等保证进入发电机，而冷空气从发电机的入风口进入风道后带走一部分热量进入热交换器如此循环。

整个控制系统由两个变频器和两个冷却风扇电机组成，分别为内循环与外循环，采用“一拖二”方案。控制系统根据采集发电机绕组温度和温升，确定内循环和外循环风扇的启动百分比，保证发电机的稳定运行。

（二）发电机散热系统维护检查

（1）检查内外循环散热电机有无振动现象，并紧固电机固定螺栓。

（2）检查散热器管道有无裂纹、破损，连接件有无松动，并紧固螺栓。

（3）检查散热管道与散热器接口卡箍有无松动，并紧固卡箍。

（4）检查内外循环通风道有无裂纹、破损，以及密封性能是否，检查风道固定是否牢固。

（5）检查进出风口的温度传感器固定是否牢固。

（6）检查柜体内是否有杂物，并清洁柜体。

（7）检查散热电机叶片有无变形、污物等现象。

（8）检查风机轴承润滑情况。应每6个月通过油脂嘴向风机轴承加注润滑脂一次。

六、发电机电缆接线方法

（一）电缆的接线方法

（1）发电机绕组电缆排布时应保留一定弧度，弧度大小以满足电缆端头后期的两次加工，电缆弧度晃动时不与机组其他部件相互干涉。

（2）发电机接线前须先将叶轮锁定好，并对发电机绕组内的余压放电处理。在接线前，检查发电机绕组相序，以区分发电机绕组相序，避免混淆，确保无误后再制作电缆接头。

（3）将发电机 14 根引出 1×185 mm^2 电缆分别固定在电缆托架上，在发电机侧预留电缆弧度，至开关柜母排位置后将多余的电缆裁断，在裁电缆前做好标识。按照相序接入发电机开关柜进线端母排上，不使用的电缆不用接入开关柜内，固定在桥架上，在端部位置用防护套管做好防护固定与托架上即可。

（4）在剥电缆外层绝缘时，使用美工刀时应注意，不得损伤电缆内铜丝，影响电缆的载流量。电缆铜丝不得存在松散现象。在压接电缆接线鼻子时应注意，压接时须从前（即电缆端头方向）往后压接，避免铜管内出现气堵现象，使用压接钳压接三道，对压接出现的棱角应使用磨光机或者锉刀打磨处理，见图 3–35 所示。

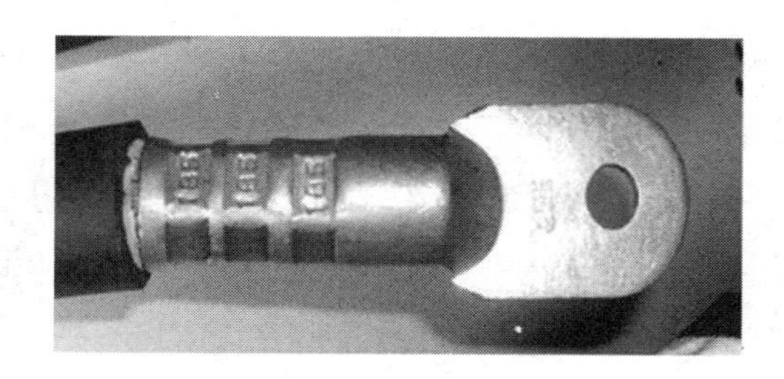

图 3–35　电缆端头压接

（5）对电缆接线鼻子的防护。应先使用防水绝缘胶带紧密缠绕一层防护，其主要作用为防止潮气进入。沿海、潮湿地区更容易出现潮湿，因此要做好电缆的防护，避免电缆长时间裸露在空气中，见图 3–36。

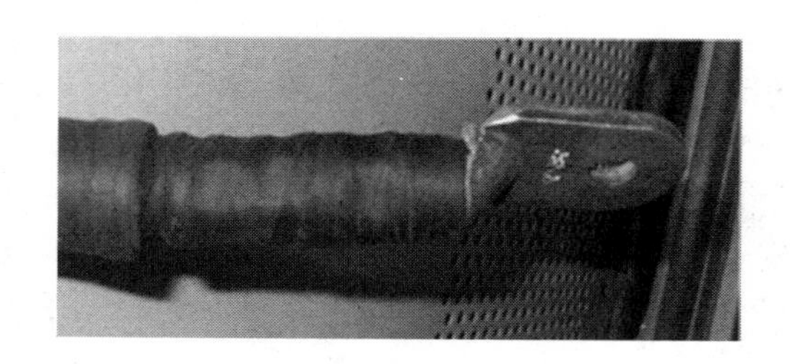

图 3–36　电缆缠绕防水绝缘胶带

再使用 PVC 胶带紧密缠绕一层，防护层要平整紧密，其主要作用是增加电缆的绝缘防护，见图 3-37。

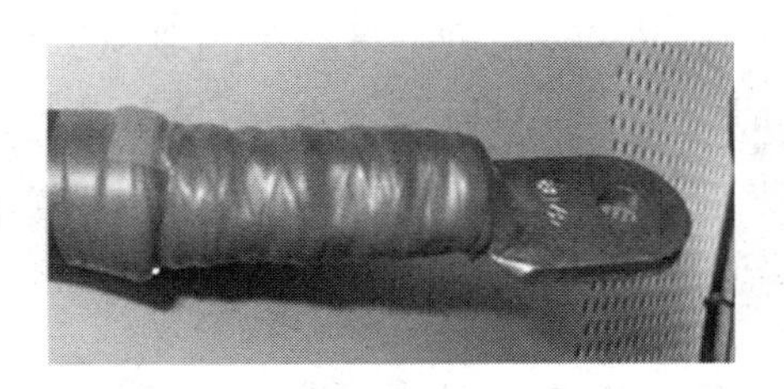

图 3-37　电缆缠绕 PVC 绝缘胶带

最后，对应电缆相序使用黄、绿、红三色热缩套防护，其主要作用为：一是增加绝缘防护，二是区分电缆相序，每根电缆热缩套所需长度为 100 mm，见图3-38。

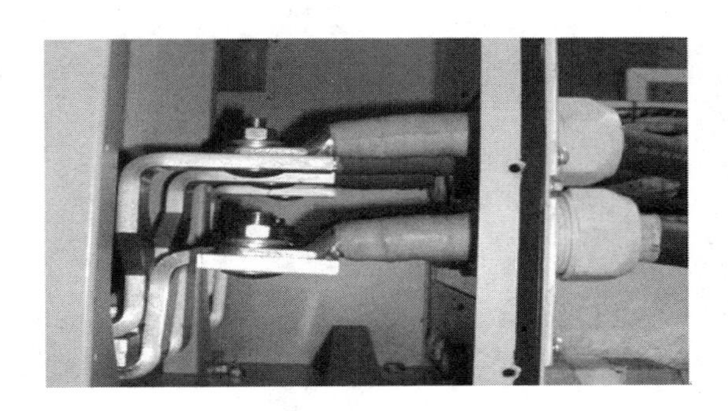

图 3-38　电缆热缩套防护效果图

在接线前，将开关柜盖板拆下，将螺栓收好避免丢失，接线完成后恢复开关柜盖板，检查开关柜内螺栓，用力矩扳手对母排上螺栓力矩进行校验，力矩标准应按照厂家规定执行。

用记号笔在螺栓表面做防松标识，至此完成电缆电线的接线维护。

（二）电缆安装排布要求

（1）电缆应远离旋转部件和移动部件，避免电缆悬挂与摆动。

（2）电缆安装排布要求牢固、整齐、美观和利于维护。

（3）电缆不允许有绞接、交叉现象，并用规定规格的绑扎带进行固定。

（4）相同走向的电缆应并缆，电缆与金属部分接触部位要进行外层防护。防护时须用缠绕管保护电缆绝缘层，按照工艺中规定的扎带规格绑扎固定。信号控制电缆扎带固定间距为 200 mm，绑扎带间距可根据路线适当调整，但应保证间距排布均匀。绑扎带断口长度不得超过 2 mm，并且位置不得朝向维护面。

（5）电缆应横平竖直，均匀排布，拐弯处自然弯弧。弯曲半径不能超过电缆最小弯曲半径，电缆最小弯曲半径见表 3–4。

表 3–4　电缆允许的最小弯曲半径标准

<table>
<tr><th colspan="2">电缆类型</th><th>多芯（D）</th><th>单芯（D）</th><th>备注</th></tr>
<tr><td rowspan="2">控制电缆</td><td>非铠装型、屏蔽型软电缆</td><td>6</td><td>/</td><td rowspan="6">D 为电缆外径</td></tr>
<tr><td>铠装型、铜屏蔽型</td><td>12</td><td>/</td></tr>
<tr><td rowspan="2">塑料绝缘电缆</td><td>无铠装</td><td>12</td><td>15</td></tr>
<tr><td>有铠装</td><td>15</td><td>20</td></tr>
<tr><td rowspan="2">橡皮绝缘电力电缆</td><td>无钢铠护套</td><td>10</td><td></td></tr>
<tr><td>有钢铠护套</td><td>20</td><td></td></tr>
</table>

第五节　齿轮箱

风力发电机组中齿轮箱是一个重要的机械部件，其主要功能是将风能作用叶轮所产生的动能传递给发电机并使其得到相应的转速。风轮的转速很低，达不到发电机并网和发电要求，须通过齿轮箱的增速作用来实现，因此齿轮箱也被称为增速箱。

一、齿轮箱的组成

齿轮箱的主要由箱体、齿轮、轴和辅助系统组成。辅助系统主要包括润滑供油系统、散热器、加热机温度开关、油位传感器、恒温开关、压力继电器。

1. 润滑供油系统

润滑供油系统由泵—电机组、过滤器、阀及管路等组成，用于润滑系统所需的压力和流量，并控制系统的清洁度。

油泵上的安全阀设定压力为 10 bar，以防止压力过高损坏系统元件。当润滑油温度低或当过滤器滤芯压差大于 4 bar 时，滤芯上的单向阀打开，液压油只经过 50 μ 粗过滤；当温度逐渐升高，滤芯压差低于 4 bar 时，液压油经过 10 μ 和 50 μ 两级过滤。无论何种情况，未经过滤的液压油决不允许进入齿轮箱内各润滑部位。当油池温度低于 30 ℃时，过滤器的压差发讯器报警信号无效；而当油池温度超过 30 ℃时，当压差达到 3 bar 时，此时报警信号才有效，必须在两天内更换清洁的滤芯。

2. 散热器

散热器用于冷却齿轮箱的润滑油。该风冷却器由电机、高性能轴向风扇、散热片和温控阀、旁通阀组成。其工作原理见图 2，即当齿轮箱的油温达到 55 ℃时，温控阀关闭，风冷却器开始自动工作，润滑油经风冷却器冷却后再进到齿轮箱进行强制润滑；当油池温度降到 45 ℃时，风扇冷却器自动停止工作，润滑油直接经温控阀进到齿轮箱进行强制润滑。当冷却器的压差达到 6 bar 时，旁通阀开启，润滑油不经冷却器而直接进到齿轮箱。

3. 加热器及温度开关

齿轮箱共设有六个加热器接口，通常安装使用三个加热器，另外三个备用。在北方严寒的冬天，可适当增加安装加热器的数量。控制加热器工作的温度开关（电阻温度计 PT100）位于输出箱体的下部。当油池温度低于 5 ℃时，加热器开始工作；当油池温度高于或等于 10 ℃时，加热器停止工作。

增速机的输出端安装三个 PT100 电阻温度计，一个监测齿轮箱油池温度，来控制加热器的开启和关闭。另外两个监测输出轴上两个轴承的温度，当轴承温度高于或等于 90 ℃时，降功率运行，即负载能力下降到额定负荷的 80%；当轴承温度高于或等于 95 ℃时，齿轮箱必须停机，绝不许采用制动器制动。

4. 油位传感器

齿轮箱输出端装有一个油位传感器和一个圆形油标，可通过其观察油位。设计要求的油位为，在安装后静止状态下，液面距齿轮箱输出端中心 170～180 mm。

5. 恒温开关

恒温开关中的温控开关位于输出箱体的下部，用于监测齿轮箱油池的最高温度。温控开关设定在 80 ℃，如果达到预定的温度，齿轮箱必须停机，决不许采用制动器制动。供油系统和冷却器应继续运行使油池温度降低，一旦温度被降到 75 ℃，恒温开关复位，齿轮箱可重新启动。

6. 压力继电器

在润滑系统油路中设有压力继电器，用于监测润滑系统的工作压力，压力发讯值可设定。当油压小于 0. 8 bar 时，会造成齿轮箱润滑不足，报告有故障，齿轮箱停机。

二、齿轮箱维护

齿轮箱承受来自风轮的作用力和齿轮传动时产生的反力。为了减小齿轮箱传到机舱机座的振动和噪音，齿轮箱一般安装在弹性减振器上。采用强制润滑和冷却齿轮箱，在箱体上有润滑系统和相关的附件，见图 3-39。

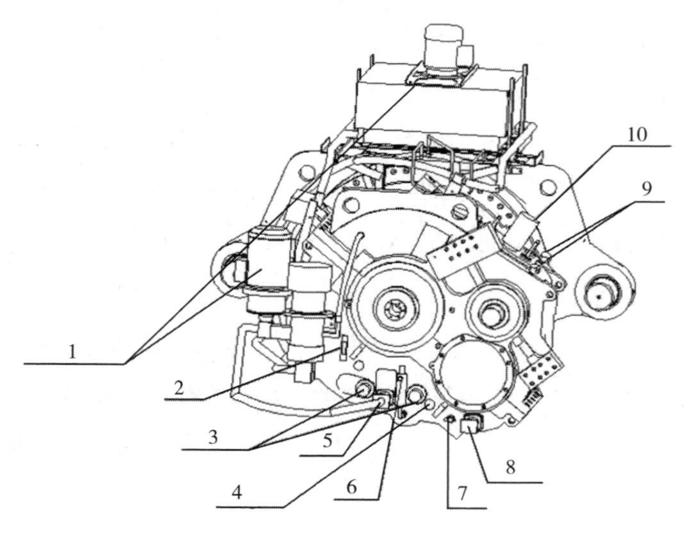

图 3-39　齿轮箱外形图

1-润滑系统；2-可视液位计；3-电加热器；4-油温度传感器；5-吸油口；6-液位报警器；7-温度开关；8-放油口；9-轴承温度传感器；10-空气滤清器

机组设计时，可将与风轮轮毂直接相连的传动轴（俗称主轴）和齿轮箱的输入轴合为一体，其轴端形式是法兰盘连接结构。另外一种设计方式是将主轴与齿轮箱分别设计，两者之间利用胀紧套装置或联轴器连接的结构。为了增加机组的制动能力，一般会在齿轮箱的输出端设置高速刹车装置，配合叶尖制动（定桨距风轮）或变桨距制动装置共同对机组传动系统进行联合制动。

风力发电机组一般安装在高山、沿海、戈壁和平原等风口处，受无规律的变向变载荷湍流风等冲击，常年经受酷暑、严寒和极端温差的影响，齿轮箱的故障率一直居高不下。此外，齿轮箱是风电维护工作中的重要一项，齿轮箱一旦出现故障，维修将非常困难，因此需要增加维护次数和提高定期检修质量。齿轮箱的日常维护主要包括油位检查、油压检查、内部检查、润滑油维护和更换滤芯等。

（一）油位检查

根据齿轮箱的设计类型不同，一般齿轮箱油位计（油位窗）会有以下形式中的一种或两种，应按不同形式进行检查。见图 3-40。

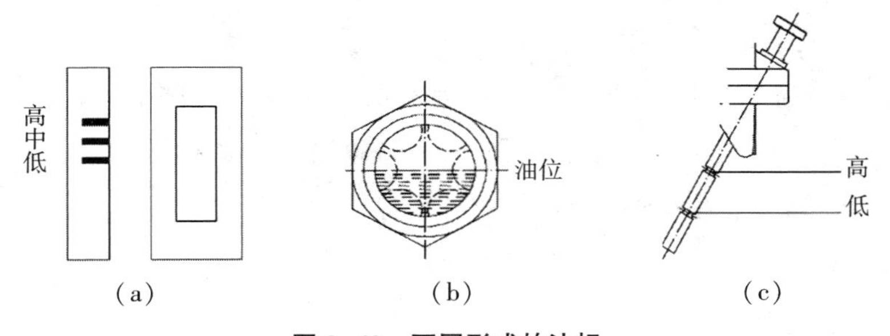

图 3-40　不同形式的油标

检查油位，通过油位计（油位窗）检查油位，要在静止一段时间的情况下检查油位，并且确保没有油沫。正式开启之前，所有管路里应该充满油。

需要检查齿轮箱外观有无齿轮油渗漏、油管有无泄露，应对漏油处进行处理。如果油位低于要求刻度线，需要补加齿轮油。

（二）取油样

为了监控齿轮箱是否正常运行，需要定期从齿轮箱取出油样送专业机构进行分析。取样时，应当在齿轮箱温度不很低的时候从专门的取样口取油，并使用专门的取样瓶收集。

收集油样的间隔时间由厂家确定。一般情况下，齿轮箱运行 400~800 h，需要进行首次油样检测分析，然后决定是否可以继续使用。三年之内要完全更换润滑油。

当齿轮箱油温长期超过 70 ℃时，温度每上升 10 ℃，换油间隔大约减少一半。

（三）油压检查

在润滑系统正常工作下，经过过滤器之后，油压应该在 1~3 bar（油温 50 ℃）；如果油压不在此范围之内，那么齿轮箱可能会报出压力低故障。检修人员可通过液压表读数来检查油压。

（四）齿轮箱内部检查

如发现齿轮箱内部存在任何隐患都应立即解决。检查齿轮箱内部可以打开观察盖进行检查。

在打开观察孔之前，需要彻底清除观察孔盖上及其周围的灰尘、沙子等杂质，确保不会有异物在开启观察孔盖时落入齿轮箱。卸去视孔盖螺栓，小心从箱体上卸下观察盖。在盖上视孔盖后，应拧紧螺栓。在齿轮箱内部检查时，可以使用内窥镜。

（五）更换齿轮油

油的使用寿命取决于齿轮的工作量、油的污染程度和油的老化情况。通过油样分析可以了解油的状况。例如，通过分析油样得知，齿轮油已不能满足运行要求了，必须及时更换。换油时，应先将风力机停止运行一段时间（时间≥20 min），使油温降下来（油温≤50 ℃）。

（1）将事先准备的空油桶和一根放油软管，通过机舱内的提升机，吊到机舱里。

（2）用洁净的抹布清理排油阀及加油孔端盖，清理完后，再将放油软管的一端连接到排油阀上，另一端放入油桶里。打开油孔端盖，检查放油管路。如果没有问题就打开放油阀，将齿轮箱内的润滑油全部排出（**注意**：过程中应更换油桶）。排完后关闭排油阀。

（3）将装满油的油桶，通过葫芦吊逐个放到地面。

（4）放掉过滤器内的存油。

（5）排完油后要检查齿轮箱内部是否有污物，清除齿轮箱里的杂质。

（6）更换滤芯，清理滤芯容器内杂质，可以用少量的新润滑油冲洗。

（7）检查齿轮箱体、齿轮和轴承是否有损坏和潜在的危险。

（8）将新润滑油吊到机舱内。

（9）开始重新加油，确保油位符合要求。

（10）齿轮箱润滑油不能混用。

（11）通过油泵与过滤装置，将新润滑油过滤后泵入齿轮箱内（约 600 L）。

（12）加完油后，将加油孔按装配要求重新封好，并清理加油过程中所泄漏的润滑油。

（13）再次检查加油孔和放油阀是否密封好，然后将空油桶吊到地面，加油完毕。

（六）更换滤芯的方法

齿轮箱滤芯每半年检查一次，每年更换一次。其更换方法如下所示。

（1）拍下紧停（可让冷却油泵停止工作）关闭润滑系统。

（2）放油，将油桶放在滤芯下方的出油口处。

（3）打开滤芯的通气帽。

（4）打开出油口的端帽，再打开滤油器的放油阀，见图 3-41。

图 3-41　滤油器的打开放油阀图

（5）逆时针旋开滤油器上方的端盖，待出油口处油流速度较小时，再缓慢旋开端盖，见图 3-42。

图 3-42 旋开端盖

(6) 用手拎滤芯拉环，在滤芯内上下活动，将多余的齿轮油快速放出。

(7) 待油流完之后，将滤芯取出，并擦拭滤芯容器内壁和上部端盖上的齿轮油。

(8) 将新滤芯重新装入滤油器内，拧紧滤油器油门和放油阀，旋紧上方端盖。

(七) 散热器的维护

(1) 检查热交换器的风扇部分是否有过多的污垢。每年对散热风扇进行清洗，确保散热通畅。

(2) 检查热交换器与其支架的各连接部位的连接情况。如果连接部位有松动或损坏现象，应立即进行紧固或更换处理。

(3) 检查清洗完毕后，对风扇旋向检查。在确认安全的前提下，闭合电源空开，手动测试齿轮箱润滑电机工作是否正常。风扇旋转时，可在散热器上贴上纸张、手套等物品，吸附即为旋向正确。

(八) 高速制动器的维护

1. 制动器的安装位置

风力发电机的制动系统设置在齿轮箱的高速端，这样可以降低制动所需要的力矩。制动盘安装在齿轮箱高速端的输出轴上。制动钳和制动器液压站分别安装在齿轮箱尾部的安装面上。

2. **组成**

制动器主要由如下四部分组成：制动器液压站、制动钳、制动盘和连接管路。风力发电机所用的制动器是一个液压动作的盘式制动器，用于锁住制动盘。例如，在风力发电装置紧急切断时，制动器制动使系统停机。制动器具有自动刹车间隙调整功能，即当刹车片磨损时不需要手动调整制动器，就可自动补偿。见图 3–43。

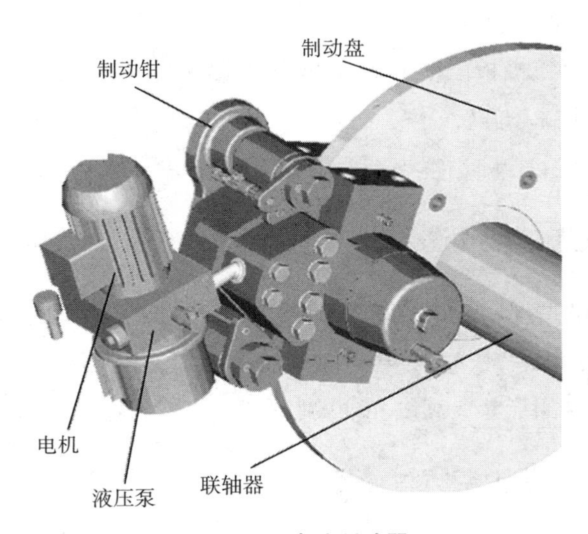

图 3–43　高速制动器

3. **检测间隙**

在检测间隙之前，应确保制动器已经工作过 5～10 次。用塞尺检测制盘和刹车片之间间隙，制动盘与刹车片之间的标准值应为 1 mm，如果间隙大于 1 mm，则应重新调整间隙值。

4. **刹车片厚度检测**

用塞尺检查刹车片的厚度，如果其磨损量超出 5 mm，则必须更换制动器刹车片。

5. **制动器的更换**

（1）通过吊环螺钉，将吊具安装到制动器上准备起吊。

（2）拆掉闸垫，收回弹簧。

（3）安装尾冒中心的调隙螺栓与垫圈。

（4）拆除闸垫。需要注意的是，当系统加压时不能将手指放于制动盘与闸瓦之间，以防夹伤。

（5）将液压系统卸压。

（6）使用扳手，逆时针旋转推杆，使其完全进入尾冒内。

（7）需要注意的是，只有当推杆不受力时（包括闸垫堆砌的作用力、液压油堆砌的作用力、间隙螺栓的作用力），才可以旋转它。

（8）用扳手拆下极板上的一个 M36 的螺栓。将另一个松开，此时制动器可以围绕剩下的一个螺栓旋转。

（9）拆除联结的管路，拆掉剩下的螺栓，制动器即可安全拆下。

（九）检查齿轮箱润滑油

检查齿轮油的情况时，应先将风力发电机组停止运行 20 min 以上，使得油温降下来（一般油温≤50 ℃），再检查齿轮油的颜色和气味是否异常，齿轮油是否存在泡沫（泡沫的形状、高度和油的乳白度），以及泡沫是否只在表面等。

（十）检查齿轮箱空气过滤器

风力发电机组长时间工作后，其上面的空气滤清器可能因灰尘、油气或其他物质而导致污染，不能正常工作。取下空气滤过器的上盖，检查其污染情况。如已经污染，就必须取下过滤器，用清洗介质对空气过滤器进行处理，除去污染物，再用压缩空气进行干燥。

（十一）检查齿轮箱噪音

齿轮箱噪音是指风力发电机运行并连接到电网时，由齿轮箱发出的杂音。应注意齿轮箱是否有异常的噪音，如嘎吱声、咔嗒声或其他异常噪音等。如果发现异常噪音，就应立即查找原因，并排查噪音源。

（十二）检查齿轮箱振动情况

齿轮箱的震动通过减噪装置传递到机舱主机架，一般在主机架的前面板装有两个振动传感器，可以监测齿轮箱的振动情况。如果须检测齿轮箱本体的振动情况，可以应用手持式测振仪器进行检测。

（十三）温度传感器的拆卸及更换

（1）确认系统已经处于安全状态、系统已经完全断电。

（2）拔下传感器的接线端子。

（3）将旧传感器从安装位置拔出，将新的传感器插入安装位置。

（4）去除旧接线端子上的接线，给新传感器接线端子接线。

（5）将接线端子插到传感器前端部。

（十四）雷电保护装置的检查

齿轮箱前端一般安装有 1~3 组雷电保护装置，其作用是将风轮上产生的电流传导到齿轮箱的机体上，通过连接在齿轮箱机体上的接地线将电流倒入大地，以避免风机的器件遭到损坏。

应定期每 6 个月检测避雷装置上的防雷器碳刷，碳刷必须与主轴前端转子接触。如果碳刷的磨损量过大，当碳刷头小于 10 mm 时，应立即更换新的碳刷。避雷板前端尖部与主轴转子之间的间隙为 0.5~1 mm。当间隙过大或过小时，应通过松动固定螺栓来调整避雷装置的位置，见图 3-44。

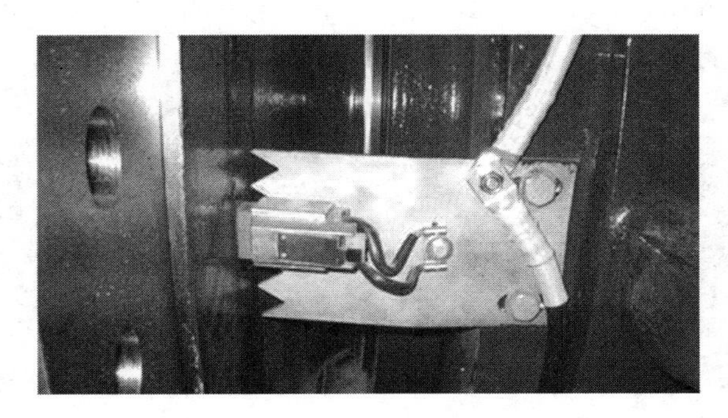

图 3-44　雷电保护装置

当雷电保护板因调整间隙过小导致磨损时，必须立即更换。雷电保护板拆卸及更换方法包括以下五个方面的内容。

（1）锁定叶轮，使其处于停止旋转状态。

（2）确认电控系统已经处于安全状态，系统已经断电。

（3）使用扳手将雷电保护板上的接线拆卸下来，再卸下雷电保护板。

（4）装配新的雷电保护板。

（5）安装雷电保护板接线。

三、发电机和齿轮箱的对中方法

（一）对中说明

风力发电机组齿轮箱与发电机之间由联轴器连接，传递能力和转矩。齿轮箱和发电机之间的对中是借助专用工具和仪器，通过合理方法达到齿轮箱与发电机的两轴轴线处于同一直线上的过程。对中的目的就是使两转动轴处于同一轴线上，以便保证设备平稳运行。对中主要有以下三个优点。

（1）减少振动。良好的对中能够有效地消除（减小）振动的产生。

（2）节能。有效地对中能减少能量损失。

（3）减轻机械部件的磨损。减轻轴颈和轴瓦非正常运动的磨损，可减少轴承密封的损坏。

齿轮箱和发电机不对中可分为平行不对中和角度不对中。平行不对中表明齿轮箱和发电机的端面在水平和垂直面存在不平行的情况，见图 3-45；而角度不对中，则说明两者端面间存在角度差，见图 3-46。

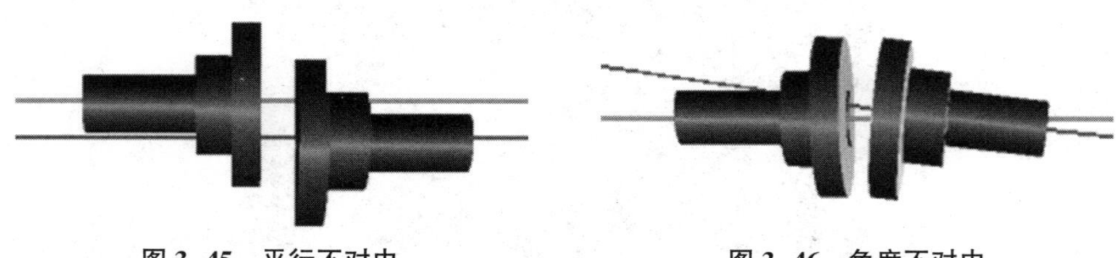

图 3-45　平行不对中　　图 3-46　角度不对中

在风力发电机组中，一般根据对中允差表作为对中的标准，见表 3-5。此表的容差是允许的最大值，这个标准是根据设备转速由低到高而允许偏差值由大到小。如测量结果在此标准范围内，表明合格。

表 3-5　对中允差表

rpm	mm	mm/100 mm
0～1000	0. 13	0. 10
1000～2000	0. 10	0. 08
2000～3000	0. 07	0. 07
3000～4000	0. 05	0. 06
4000～5000	0. 03	0. 05

（二）对中的方法

一般对中的方法有机械方法、百分表法和激光对中法。机械方法是用直尺边缘和塞尺分别确定平行偏差和垂直偏差的方向和数量，确定角度不对中的方向和数量。在具备激光对准仪先进设备的条件下，采用激光对准仪对中，具有更准确、更快捷、更直观、更简单和调整更方便的优点。目前，此方法在风力发电机组中应用得较为广泛。

1. **百分表法**

百分表法测量分为两种：边缘和靠背轮面对中法、逆置百分表轴对中法。

边缘和靠背轮面对中法是通过测量两旋转轴末端或靠背轮正面（正面读数即轴向读数）的不同和旋转中心（径向读数）的不同，来确定两个相临转动轴的对准度。角度偏差是由靠背轮正面读数（轴向读数）来确定，径向位移偏差由靠背轮边缘读数（径向读数）来确定。可以使用百分表架固定在一个轴上，在水平和垂直方向上四点打表测量。测量时，尽量使两个转动轴同时转动。见图 3-47。

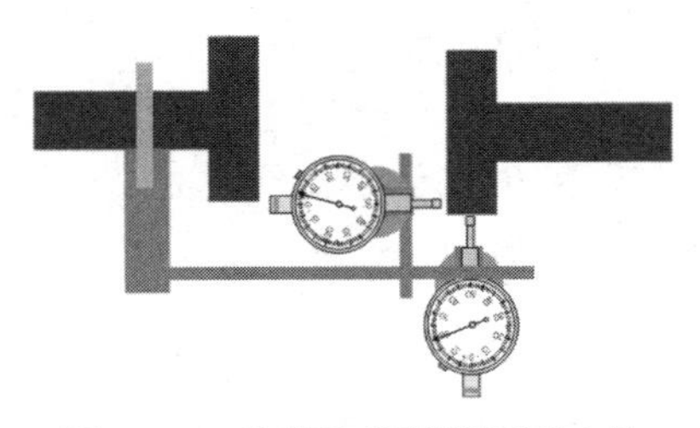

图 3-47　边缘和靠背轮面对中法

逆置百分表轴对中法是通过径向百分表上的读数来确定相临两个设备元件轴对中情况的过程。百分表显示的是两个设备同时转动时联轴器法兰边缘的状况。此过程是当两个转动轴一起转动的时候完成的，并且要在靠背轮上离水平和垂直位置最近的四个位置取点读取数据，见图 3-48。

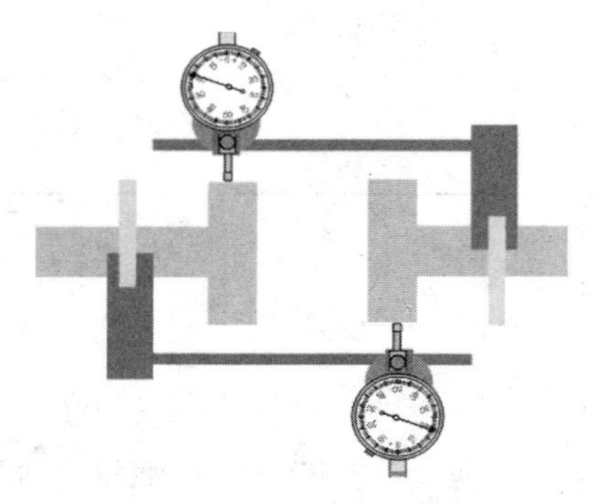

图 3-48　逆置百分表轴对中法

2. **激光对中法**

激光对中法是从一个或两个转动轴上的激光发射器所发出的光和在另一端转动轴上的接受器或反光镜来确定轴偏差的过程。激光连同轴一起旋转测量偏差值。数据可以从对中仪器上读取信息。

激光对中法主要优点如下。

①计算结果可以直接由数据传输线路导入电脑，减少了人为的操作失误。

②激光对中仪的精确性比百分表高。

③在水平和垂直位置上所要求的偏差实际情况可以直接读取。

④一般激光找正仪器都带有支架，可以快速地放置在设备上进行检测。

⑤经过短期培训，维护保养工就可以熟练掌握测量方法。

（三）激光对中仪的安装方法

安装激光对仪时，首先需要拆除刹车盘外罩和联轴器，再安装激光对中仪。

安装激光对中仪的具体方法有以下两个方面。

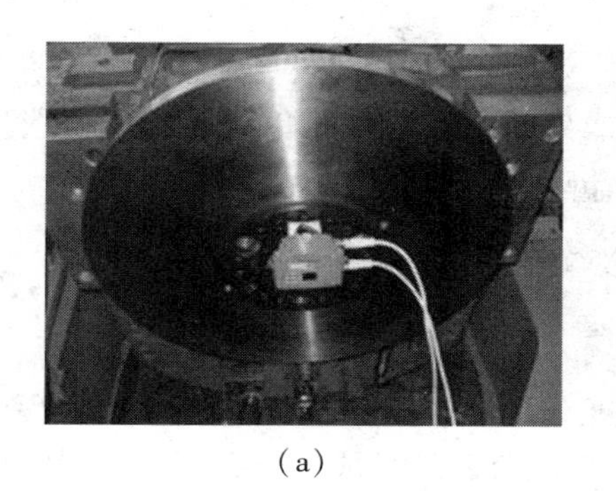
(a)

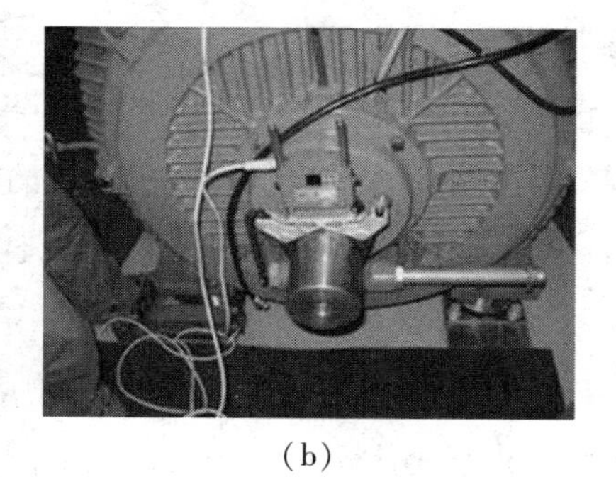
(b)

图 3-49 安装激光对中仪

①传感器应当用磁性支架安装在齿轮箱一侧的刹车盘上，见图 3-49（a）。反射镜用链式支架或者磁性支架安装在发电机侧的轴上，见图 3-49（b）。

②传感器电缆和仪器连接，注意电缆插头的标记点对准接口的标记点（靶点），按开机键听到“嘀”的一声，仪器打开后，仪器屏幕进入尺寸界面。

（四）对中操作方法

1. 数值输入

使用数字键直接在缺失的位置输入所有相关尺寸。按下数字键出现编辑框，输完尺寸可以按回车键或者返回键来确认。需要输入的尺寸如下。

（1）传感器到反射镜的距离（从箭头位置量到白线位置）。

（2）传感器到联轴器中间的距离。

（3）联轴器的直径。

（4）联轴器中间到右侧机器前对地脚的距离。

（5）右侧机器前地脚到后地脚的距离。

（6）机器转速。

2. 测量

（1）调整激光，需要将激光调整到传感器中心位置。

（2）打开传感器的防尘盖，调整支架和传感器反射镜的位置，使激光射到反射镜防尘盖的十字中心。旋紧支架和传感器螺栓和反射镜扳扭。

（3）调节反射镜上的黄色旋钮和侧面滑轮，按屏幕提示，将激光点调整到传感器平面原点位置。

（4）激光调整到中心后，在测量模式界面下，选择菜单。在选项里选择测量模式，然后再选择多点模式，转过的角度大于60°以上即可 。

（5）测量结束后，按结果键可以直接查看对中结果。

3. 调整方法

（1）比较发电机前后地脚的调整量，如发现其中一个数值较大，应先调整该地脚。前后地脚不可以同时调整。调整前地脚时，必须保证后面两个减震块上四个螺栓中有两个（外侧）是在拧紧状态；调整后地脚时，同样必须保证前地脚每个减震块上有两个螺栓（外侧）拧紧。

（2）如发电机后地脚的调整量大，则先调整后地脚。用24的套筒将发电机后地脚两个减震块与发电机吊挂之间的连接螺栓拧松，并旋出10 mm高，见图3-50。

图3-50　减震块固定螺栓

（3）用调发电机的专用工具和千斤顶将发电机顶起，直到减振块下平面完全离开发电机吊挂并有2~3 mm的距离，见图3-51。

图3-51　调整工装

（4）观看地角螺栓要调整的数值，如数值前面为负号，则面对风轮方向，将发电机向右侧调整。即调整专用工具左侧的顶丝，向右顶发电机。如调整数值前面为正号，则向左侧调整发电机。调整时，观看激光对中仪上读数的变化，调整量数值会变小，角度误差和径向误差也在变小。如果前后地角螺栓的调整量不是很大，则可以一次将其调整到零。如果前后地角螺栓的调整量很大，则需要通过多次调整。

注意，调整时，如调整前地脚，必须保证后底脚每个减振块上至少两颗螺栓紧固。

（5）水平方向调整完后，旋转制动盘，将激光发射器调整到6点位置，待出现数值后按下确认图标。此时，激光对中仪变可计算出竖直方向的误差。

注意，当激光发射器将达到6点位置时，须缓慢旋转以便屏幕上的黑点处于中心位置。旋转时，应向同一个方向旋转，以消除齿隙。

（6）比较发电机前后地脚的调整量，首先调整较大量。调整时，先将地脚螺栓旋松至10~15 mm高度。利用调整工装中的千斤顶将发电机顶起，如果调整量前为“+”号，表明地脚过高，应调低高度，顺时针旋转减振块上的花盘螺丝。如果调整量前面是“-”号，表明地脚过低，应逆时针旋转花盘螺丝，调高位置。见图3-52。

注意，每次调整花盘螺丝时，应保证发电机两个地脚减振块花盘螺丝旋转量一致。平行于齿轮箱法兰面方向上两颗花盘螺丝高度一致。

（7）调整后，将发电机降至原位，观看激光对中仪数值是否在允许范围内。如果未达到对中允差表3-5中的要求，则重复上述操作，直到符合要求为止。

（8）按下保存图标，保存测量数据。

（9）重新测量，以校核测量结果。

（10）紧固地脚固定螺栓。

（11）拆除激光对中仪，安装刹车盘与联轴器外罩，到此对中完毕。

图 3-52　调整花盘螺丝

第六节　叶轮

叶轮是风力发电机组的核心部件，对风力发电机组的发电性能关联性大，决定风力发电机组机械部件的主要载荷。叶轮由叶片、轮毂和风轮轴机变桨机构等组成。

一、叶片

风力发电机组一般有三支叶片，每支叶片都是复合材料制成的薄壳结构。从结构上分根部、外壳和龙骨三部分。叶片的主要作用就是把风能转换为机械能，并传递给叶轮，由叶轮带动发电机产生电能。正常运行的时候，叶片的凹面，即压力面是迎风的，而叶片的凸面，即吸力面是背风的，后缘到前缘的方向大致与叶片旋转的方向相同，见图 3-53 和图 3-54。

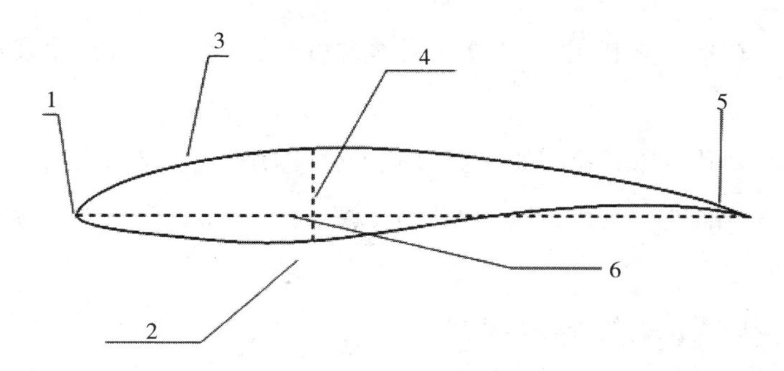

图 3-53 叶片截面图

1-前缘；2-压力面；3-吸力面；4-最大厚度；5-后缘；6-弦线

图 3-54 叶片

风机叶片是风力发电机组的关键部件之一，其性能直接影响整个系统的性能。叶片工作在高空，环境十分恶劣，空气中各种介质几乎每时每刻都在侵蚀着叶片。雷电、冰雹、雨雪、沙尘和暴晒随时都可能对风机产生危害。据统计，风电场的事故多发期是在大风和雷雨天气。由叶片产生的故障导致机组停机时间较长，因为叶片损坏后机组必须停机，严重时还必须更换叶片，从而给风电场带来很重的经济损失。

在风机的日常运行维护时，叶片往往得不到重视。可是叶片的老化却在日晒、酸雨、阵风、共振、风沙和盐雾等外界条件下随着时间的变化而发生变化。叶片日常检查和维护需要更加细心，在许多风电场叶片都会因为老化而出现自然开裂、沙眼、表面磨损、雷击损坏和横向裂纹等。这些问题如日常维护得当，就可以减少或避免叶片损坏情况的发生。

（一）检查叶片

（1）通过倾听叶片旋转中的声音来判断叶片是否存在异常。任何一种如果异常的杂音都表明叶片某个地方出了问题，需要对叶片进行仔细检查；叶片旋转时发出“沙拉”的声音，是由叶片内部脱落的黏接胶小颗粒造成的。

（2）一般在地面和机舱顶部通过望远镜可观察叶片表面有无裂纹、凹痕和破损。

（3）进入叶片内部检查。须先将叶轮的位置锁定成“Y”字型，再进入非垂直状态叶片的内部进行检查。检查人员须佩戴具备防粉尘及化学小分子（如苯乙烯）的防毒口罩。

（4）检查防雷保护的连接是否紧固。

（5）检查叶片盖板有无裂纹、破损，如有裂纹和破损，应及时更换或修复；检查固定螺栓有无松动，如有松动应重新对其进行紧固。

（6）检查叶片与变桨轴承的连接螺栓有无松动。

（二）叶片的维护

1. 叶片裂纹维护

叶片表面裂纹一般是由温差变化或机组自振所引起的。叶片根部承受的载荷最大，如果裂纹出现在叶片根部会更加危险，因为风力发电机的每次自振、停车都会促使裂纹加重。同时，空气中的污垢、风沙也会进入缝隙内，造成叶片进一步的损坏。裂纹严重威胁叶片的安全，可导致叶片的开裂。横向的裂纹可导致叶片断裂。

2. 叶片砂眼的形成与维护

叶片出现砂眼是由于叶片缺失保护层而引起的。叶片的胶衣层破损后，被风沙腐蚀的叶片首先出现麻面，其实是细小的砂眼；如果叶片有胶衣，当沙粒吹打到叶面时，胶衣就会对叶片启动起到保护作用。砂眼对风机叶片最大的影响是叶轮旋转阻力增加使转速降低，这将导致机组发电功率下降。

3. 叶尖的维护

风机的许多功能是靠叶尖的变换来完成的。叶尖是整体叶片的易损部位。风机运转时，叶尖的转速最高，被腐蚀的可能性也最大，在整体叶片中它是最薄弱的部位。叶尖是由双片合压组成，叶尖的最边缘是由胶衣树脂黏合为一体，叶尖的最边缘材质是实心，目的是增加叶尖的耐磨度。由于叶尖内空腔面积较小，风沙吹打时没有弹性，所以叶尖也是叶片中磨损最快的部位。叶片边缘的固体材料磨损严重后，长时间运转可能会导致叶尖开裂。要解决风机叶尖开裂的问题，可对叶尖进行加长、加厚保护。修复后的叶尖至少三年后磨回原有叶面，叶尖需要专业人员进行维护。

4. **叶片防雷系统维护**

风力发电机组都是安装在野外广阔的平原地区，风力发电设备高达几十米甚至上百米，导致其极易遭到雷击。叶片作为风力发电机组中位置最高的部件，是最容易遭受雷击的部件，因此叶片的防雷保护至关重要。在叶片叶尖部位均安装有金属接闪器，接闪器是一个特殊设计的螺杆。接闪器可以经受多次雷电的袭击，受损后也可以更换。

在叶尖接闪器受到雷电时，通过敷设在叶片内腔连接到叶片根部的导引线导入叶片根部的金属法兰，经过轮毂、主轴传至机舱，再通过偏航轴承和塔架最终导入到已埋设大地接地网，从而达到保护叶片的目的，见图 3-55。

应做好叶片防雷系统的维护和检查工作，须检查接闪器和轮毂部位的接线是否牢固。存在雷电记忆卡的叶片，还须定期检查记忆卡有无触发。当发现记忆卡触发时，应该更换新的记忆卡片。

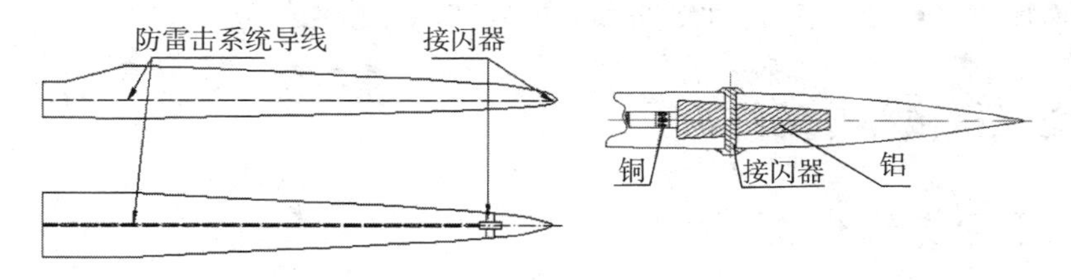

图 3-55　叶片防雷装置

二、轮毂

轮毂的作用是将叶片固定在一起，并且承受叶片上传递的各种载荷，然后将其传递到发电机转动轴上。对于变桨矩风力发电机组，轮毂内的空间可以安装变桨驱动结构。

目前，主流机组风轮的轮毂多采用刚性轮毂形式，叶片和轮毂刚性连接，结构简单，制造和维护成本低，承载能力大。

轮毂一般采用铸钢或高强度球门铸铁材料，具有结构铸造性好、减振性能好、对应力机组不敏感，以及成本低等优点。轮毂外表是球形结构，是由三个放射形喇叭口拟合在一起的，见图 3-56。

图 3-56　轮毂

检查轮毂主要是看外观有无裂纹和损伤，防腐漆有无破损。轮毂承受着叶轮全部重量，如果轮毂出现裂纹必须更换。如果外表破损，可以通过补漆的方式修复。另外，还要保持轮毂内整洁干净。因轮毂内安装有变桨系统，轮毂内滚落的零散异物可能会导致电气部件短路和机械旋转部件卡死的危险。

三、变桨机械部分的维护

（一）变桨机械部分介绍

风力发电机组变桨系统主要由变桨轴承、变桨控制系统、变桨驱动装置和附属设备等组成，见图 3-57。变桨轴承用于支撑整个叶轮部分的重量和工作载荷，并且将叶片和轮毂连接起来，实现叶片和轮毂的相对旋转。变桨控制系统的作用一方面是调节机组功率，另一方面是实现旋转叶轮气动刹车。因为一般为三支叶片，所以变桨系统具备三套变桨驱动机构，这三套变桨驱动机构的主要作用有以下三个方面。

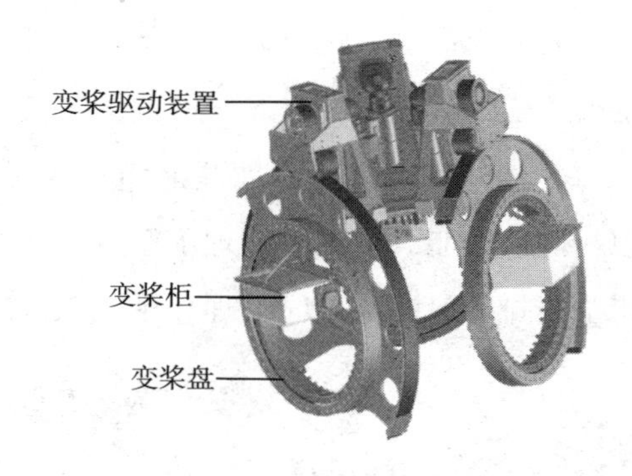

图 3-57　变桨系统组成

（1）变桨系统能使叶片绕其中心轴转动。它既能控制输出功率，也能使风机降速。当风速超过额定风速时，通过调整叶片的桨距角，叶轮的输入功率可以限制在额定功率范围，从而防止发电机和变流系统过载；当风速达不到额定风速时，叶片的桨距角处在最小的位置，最大地吸收风能，增大叶轮的出力，满足发电的需求。

（2）运行控制系统可连续记录并监测风机的输出功率和叶片的桨距角，同时可根据风速相应地调整桨距角，结合变速控制，实现额定功率的恒定输出。

（3）机组三个独立的变桨系统也是风机的刹车系统。该系统将叶片调整到顺桨（约 90°）的位置，可减少叶轮的出力。顺桨后，风机的转速下降，直到风机停机。

（二）变桨系统机械部件的检查和维护

1. 变桨轴承螺栓的检查

需要定期对变桨轴承螺栓进行检查和紧固。检修过程中如发现有一颗螺栓松动，则应整个节点的螺栓全部紧固一遍。检修过程中若发现有一颗螺栓断裂，则需要将断裂螺栓及其左右各三颗螺栓全部更换，并将更换下来的螺栓送检。此外，还要检查防松标记是否有变动，并涂抹新标记。螺栓紧固时，采用十字对角紧固。

2. 变桨轴承密封及其外观检查

检查变桨轴承密封圈有无油脂泄漏，如有油脂泄圈进行密封，需要对密封处理；检查变桨轴承整体外观有无裂纹，如果变桨轴承有裂缝，需要及时更换。

3. **变桨轴承加注油脂**

使用油脂加脂枪对每个油嘴均匀加注。加注油脂完成后，在叶片 90°～0°范围内，手动变桨两次以排除旧油脂。将油嘴清理干净后，检查变桨轴承内集油瓶是否有废油排出，如果油脂排出较多应及时清理，见图 3-58。

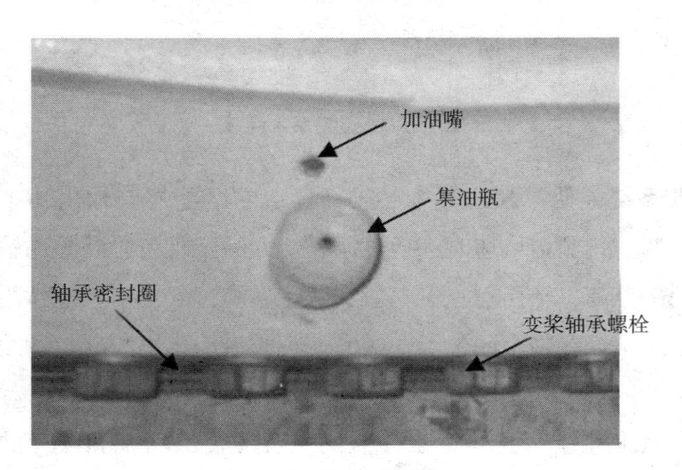

图 3-58　变桨轴承维护

4. **变桨减速器的维护检查**

（1）检查变桨减速器表面防护层有无破损和脱落现象，应对有破损和脱落处进行修补，见图 3-59。

图 3-59　变桨减速器

（2）检查变桨减速器表面有无污物，如果有污物，应将其清理干净。

（3）检查变桨减速器油位，应在油窗 1/2～2/3 处。如果油位不达标，应添加润滑油。添加时，将需要添加润滑油的变桨减速器的叶片垂直朝下。在油温低于 40 ℃时进行添加，总油量为 7L/个。

（4）检查变桨减速器是否漏油，如有漏油应进行修复，加油及修复工作完成之后应清理干净现场。

（5）检查减速器是否有异常声音，如有异常声音应找出故障原因并及时处理。

（6）变桨减速器齿轮油，在运行三年后应进行采样化验一次，以后每年化验一次，如不合格则应更换油品。采样瓶及每台减速器的采样量以油品检验公司要求为准。

（7）检查变桨减速器与变桨电机，减速器与带轮支撑的连接固定螺栓，参照维护检查清单。

（8）减速器输出轴轴承加注润滑脂，每台减速器加注 10 g，周期为 12 个月。

5. 驱动轮、涨紧轮及带轮支撑维护检查

（1）检查驱动轮、带轮支撑是否有破损、裂缝和腐蚀。

（2）检查涨紧轮表面有无压痕或损伤。

（3）检查涨紧轮、驱动轮和带轮支撑表面有无油污锈迹，并进行清理，见图 3-60。

（4）检查涨紧轮、驱动轮，擦去多余油脂，加入新的油脂。每个油嘴加注 10g，周期为 12 个月。

（5）检查轮毂、带轮支撑螺栓和带轮支撑盖板螺栓。

图 3-60　涨紧轮与驱动轮

（6）齿形带。检查齿形带是否有破损和裂纹，检查齿形带齿有无破损，齿板和齿板座间与齿形带是否干涉；检查齿形带是否清洁，见图 3-61；检查齿板座与轴承连接螺栓，齿板座与压板连接螺栓；检查齿形带是否偏离涨紧轮与驱动轮。

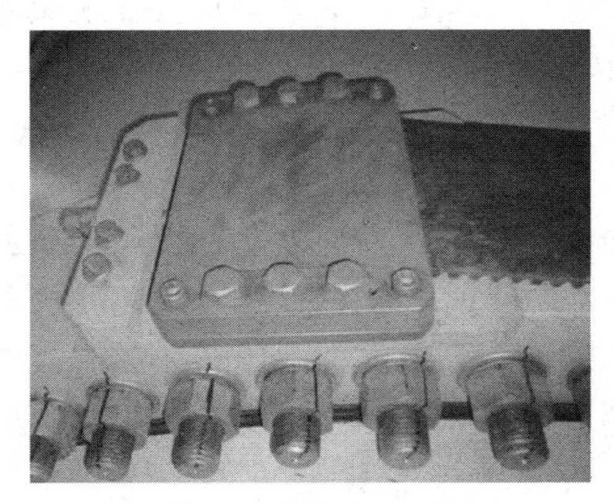

图 3-61　压板与齿形带

（7）叶片锁定装置的维护。检查锁定销是否有裂纹，固定螺栓是否松动并紧固螺栓。在更换齿形带、变桨电机、变桨减速器时需要使用变桨锁定装置，将叶片锁定后更换，见图3-62。

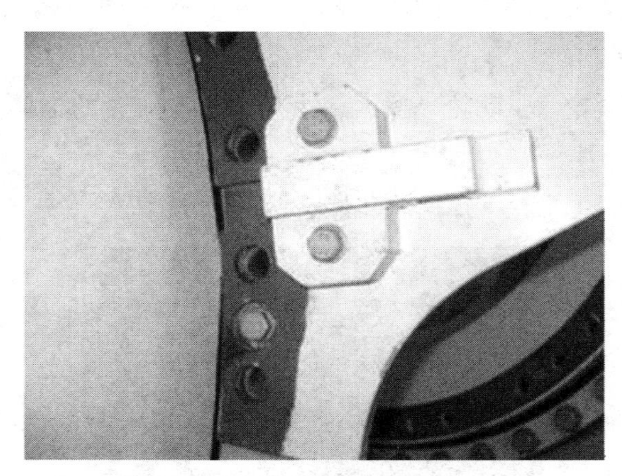

图 3-62　叶片锁定销

6. 滑环的维护保养

滑环是将系统中的动力电流和电信号从静止端传输到旋转端的部件，主要由滑环本体和接头组成。滑环本身不能实现某种机械功能，其主要功能是实现电信号、电流等介质的传输，见图 3-63。其功能主要包括：为变桨系统动力电源，变桨安全链保护和通信信号。另外，有些滑环还具备发电机转速采集等功能，主要实现变桨控制柜与机舱控制柜的互连互通。

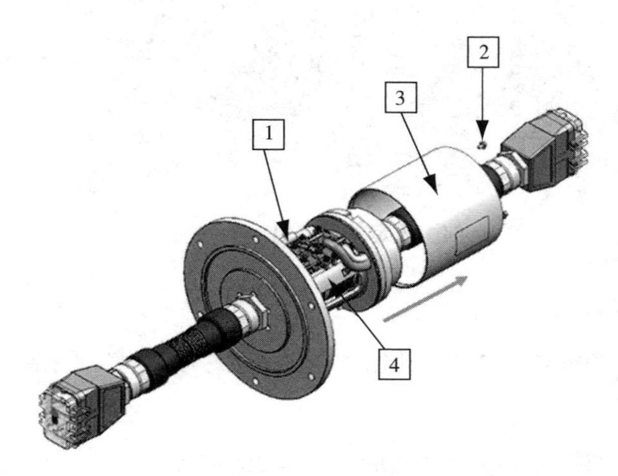

图 3-63　滑环

1-接触点；2-接头；3-保护外壳；4-滑轨

（1）滑环维护注意事项。

①在滑环维护工作开始之前，应切断其电源，包括滑环到机舱柜及变桨柜的所有哈丁接头，以保证整个滑环系统处于断电状态。

②对滑环操作前，应将滑环外壳清理干净，防止外部灰尘进入滑环内部，以免造成滑环内部器件短路而降低其运行寿命。

（2）滑环保养。

①使用旋具将滑环旋转轴法兰盘（2）的固定螺栓旋松取出，取下法兰盘（2）。

②将滑环定轴法兰的固定螺栓（1）旋松并取出。将滑环从支架上卸下，并将其放于平坦、宽阔地方。

③将滑环壳体固定螺钉（1）松开并卸下，滑环外壳（2）沿滑环径向的方向取出，见图 3-64。

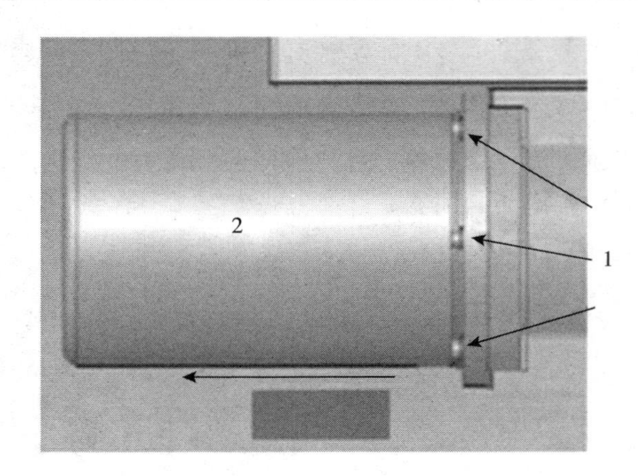

图 3-64　固定螺栓（1）滑环外壳（2）

④旋松滑环加热器的固定螺栓，取下加热器。

⑤查看电刷和滑道是否有划伤的痕迹和磨损的小片，见图 3-65，如有异常需及时更换。

⑥查看电刷和滑道上有无剥落的碎片或粗糙颗粒，比如颗粒大于 1 mm 应及时更换。

⑦查看有无金色颗粒从滑道表面脱落，如存在此现象需要立即更换。

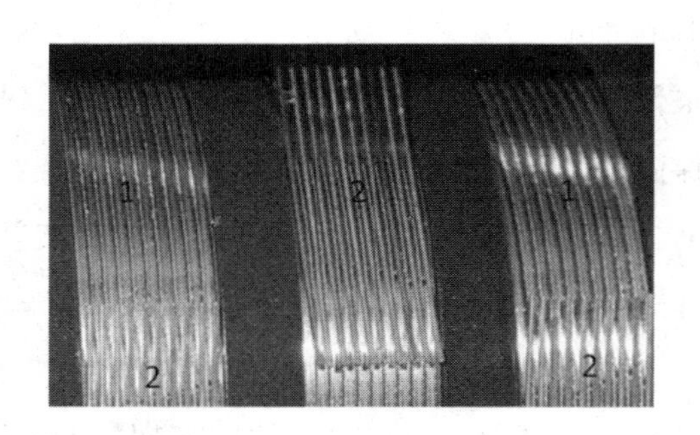

图 3-65　滑道（1）和电刷（2）

⑧如滑环内有异物，并且颗粒大于 1 mm，应及时清洗。清理方法是：沿平行于滑环轴向喷涂喷罐中 95%以上的酒精，对滑道进行冲洗。同时，按照 b 方向旋转滑环，使用毛刷沿 a 方向进行刷洗。注意滑环旋转方向和毛刷用力方向，见图 3-66。

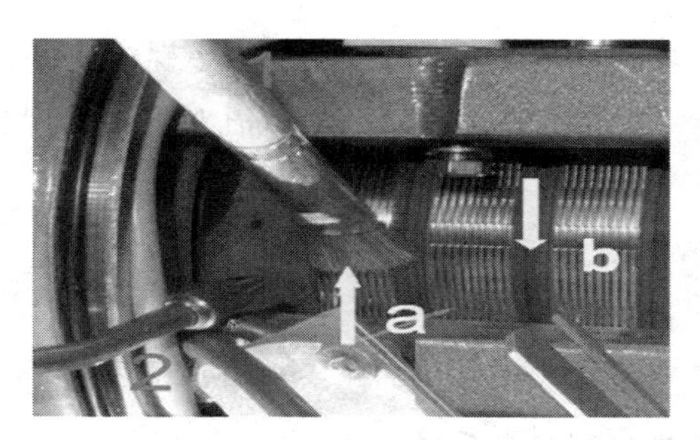

图 3-66　滑环清洗毛刷（1）喷罐（2）

⑨重复清洗步骤对其他滑道进行清洗。信号滑道和电源滑道宽度不同，应使用宽度不同的毛刷。

⑩滑环清洗完成后，应使用热风枪对滑环进行烘干。干净且干燥的滑道呈金色，绝缘层呈淡灰色，滑环底部无酒精滴落。

⑪清洗滑道后，如果滑道上有很深的磨损痕迹，应及时更换。

⑫使用针式分油器进行润滑，每个电刷分配滴润滑油（每个 V 型槽分配 4 滴）。加注润滑油过程中应旋转滑环，以使滑道与电刷充分润滑，润滑后不再允许接触滑环体。对滑道注入润滑油时，不能超过润滑所需的油量，应严格按照要求添加润滑油，见图 3-67。

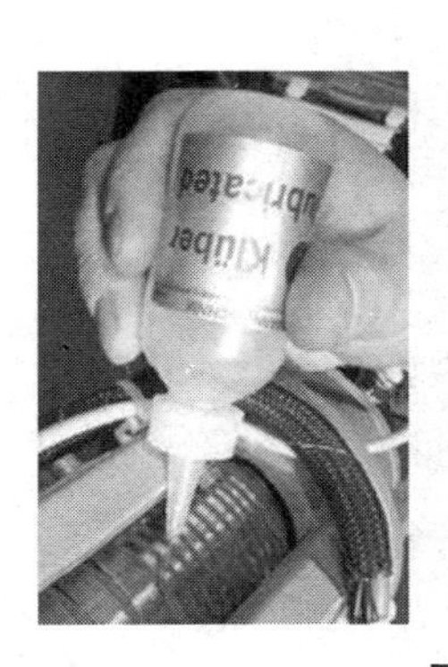

图 3-67　滑环润滑

⑬滑道润滑操作结束后，应重复两次对电刷进行检查，以确保电刷完好无损。

⑭安装加热器并紧固固定螺栓。

⑮安装滑环外壳并紧固固定螺栓。

⑯将滑环装回支架，并紧固滑环定轴法兰固定螺栓。

⑰将滑环旋转轴法兰盘锁定销安装到锁定销支架上，并紧固固定螺栓。

思考题

1. 风力发电机组机械机构是由哪些主要部分组成?
2. 塔架和基础维护有哪些主要保养内容?
3. 机舱偏航系统有哪些部分组成?
4. 请简述发电机绝缘的测量步骤。
5. 齿轮箱的维护包括哪些项目?
6. 变桨机械部分的维护包括哪些内容?

第四章 电气部分维护

学习目的：

1. 了解风力发电机组主控系统、变桨系统、机舱内部、变流系统，以及其冷却系统的电气基本原理和操作注意事项。

2. 了解风力发电机组正常维护的基本操作要求。

目前，风力发电机组的发电机主要分为异步电机和同步电机，由于机械组成结构不同，其电气主回路也不同。异步风力发电机由发电机发出 690 V 的恒频交流电送至网侧主断路器，经网侧主断路器送至电网。而同步风力发电机组的主回路为发电机发出的频率变化的交流电，经变流器机侧整流为约 1000 V 的直流电压，再经网侧逆变为适合接入电网的 690 V、50 Hz 的交流电，经主断路器送至电网的过程。

机组电气部分由主控、变流、机舱和变桨系统组成。主控系统主要讲解弱电部分、PLC 控制功能和机组的各个运行状态说明，以便维护人员更好地对机组有更深入的认识和理解。变流部分电气部件较多，高低电压部件均有涵盖，在日常维护中是维护人员工作的难点和重点；机舱部分维护的工作量相对较少；变桨的电气部分因处于机组旋转部件内，易受到机械振动的干扰而出现故障。本章大致按照主控、变流、机舱和变桨系统的先后顺序介绍其结构组成，以及相应的维护内容。

第一节 维护状态说明

风力发电机组具有智能化和自动化的特点，整个机组运行过程由可编程控制器（PLC）控制。它能根据外部条件的变化自动作出反应。控制系统通过传感器获取外部所有的信息（风速和风向等），并获取有关的风机数据（功率和速度等）。根据这些信息，控制系统调整风机的运行，保证风机一直在良好和安全的环境里运行。

在运行系统中有不同的逻辑状态，状态的选择取决于外部条件、风机运行的工况和系统自身的当前状况。风机共有七种状态，它们分别是：初始化、停机、待机、启动（加速空转）、发电（并网运行）、停机和维护状态。

状态之间的关系变换是固定在框架内的，在此框架内无法实现跳转。初始化过程完成后，可以进入停机状态，但无法直接进入其他状态，必须经过停机状态转换。例如，维护状态进入停机状态，首先维护状态应先进入停机过程，再从停机过程才能进入停机状态。状态变化是一成不变的，相互之间切换需要达到某些既定条件，如果未达到条件限制，风力发电机组会一直处在某一个状态不变。见图 4-1。

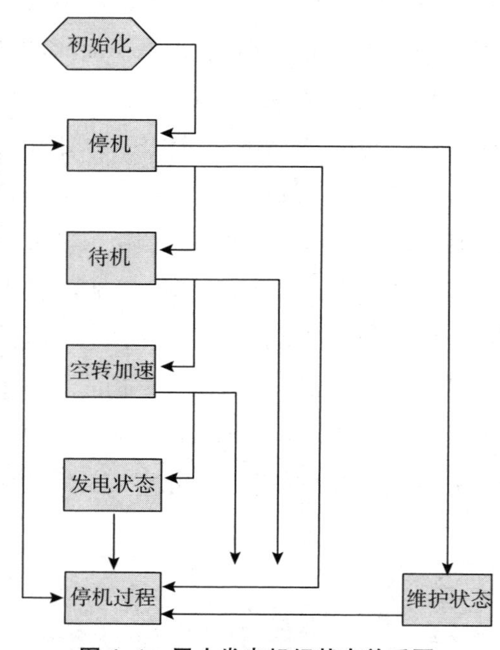

图 4-1　风力发电机组状态关系图

（一）初始化状态

PLC 控制器上电或掉电重新启动后，须进行初始化过程。这一过程就是把变量赋为默认值，把参数设为默认状态，将未准备好的设备进入到正常运行状态。PLC 首先获取 CF 卡上的数据，这些数据包含风机最基本的控制参数和风机信息等，过程中会对这部分参数重新读取。

如果该状态在初始化参数不匹配或机组的硬件存在异常，会导致初始化状态无法顺利通过，机组将保持在初始化状态。初始化状态顺利通过后，如风力发电机组存在故障，进入“停机”状态。机组可自动运行，实现状态切换、硬件的检测和功能控制。

（二）待机状态

待机是无故障时风力发电机组慢速运转无功率输出的状态。在这种状态下，控制系统直接采集外围传感器数据，同时读取变流器及变桨系统数据，对以上数据进行逻辑判断比较，检测设备是否存在故障及警告。风力发电机组在正常待机状态中应满足下列条件：无故障、无暴风警告、无解缆需求、无手动变桨信号，且安全链正常。

在待机状态下，水冷系统根据变流器的情况控制泵、风扇、加热器工作，保证机组运行在正常的条件范围内。如果机组发生了急停故障、变流器故障、机组重新上电、进入维护状态等动作，则该状态下网侧断路器处于分开状态。如机组发生其他非严重性故障，则该状态下网侧断路器处于吸和状态。

（三）启动状态

当机组处于正常待机状态时，人为触发或机组自动触发了启动指令，则机组执行网侧断路器合闸动作，同时变流器启动工作。当主控制器接收变流启动完成反馈信号后，如满足机组启动的风速要求，主控发出桨距调节指令。变桨系统将使叶片的桨距角调整到预先设定角度，一般此角度在 40°~55°（机组类型不同，该角度也有所不同）。控制系统在此阶段实时检测当前风速是否满足发电的要求，如果可以满足发电要求，变桨叶片角度向迎风角度变桨，一般最小桨叶角度在0°~1.5°（叶片翼型不同，则最小角度也不同）。

（四）发电状态

发电状态是机组处于并网运行发电过程，通过调整发电机输出、叶片桨距角和变桨系统，控制系统使风机保持在较优的运行状态。如风速过高或过低执行停机过程，机组发生故障执行停机或紧急停机过程，运行人员手动停机执行停机过程等，均会导致发电运行状态改变，进入停机过程状态。

（五）停机状态

停机状态按照发生事件的严重程度分为正常停机、快速停机、紧急停机三种。当实时风速不能达到最小发电风速要求时，机组会执行正常停机命令。当出现一些故障时，需要风机执行快速或紧急停机命令，并迅速与电网脱离，即执行电机侧与网侧断路器跳闸指令，以便保护机组的安全。

1. 正常停机

当正常停机的动作被激活，风力发电机组执行正常停机状态，叶片以4°/s的速度向90°方向顺桨。当电机转速低于设定值时，变流系统停止脉冲调制，网侧断路器和发电机侧断路器处于吸和状态。

例如，当风力发电机组发生以下非致命告警时，正常停机被激活。

（1）人为地通过控制柜手动操作按钮控制机组执行正常停机。

（2）环境温度、电机温度异常。

（3）当风力发电机组发生部分电网类故障时。

2. 快速停机

当快速停机的动作被激活，风力发电机组执行快速停机状态，叶片以6°/s的速度向90°方向顺桨。当电机转速低于设定值时，变流系统停止脉冲调制，网侧断路器和发电机侧断路器处于断开状态。

例如，当风力发电机组发生以下情况发生时，快速停机被激活。

（1）机舱断电。

（2）变流器断电。

（3）主控柜断电。

（4）总线通信故障。

3. **紧急停机**

当紧急停机的动作被激活后，风力发电机组执行紧急停机状态，叶片以 7°/s 的速度向 90°方向顺桨。当电机转速低于设定值时（一般在 3RPM 左右），变流系统停止脉冲调制，网侧断路器和发电机侧断路器处于断开状态。当风力发电机组发生以下情况时，紧急停机被激活：变桨急停、振动急停、扭缆急停、发电机过速、变流器内部急停、塔底急停按钮、机舱急停按钮触发和 PLC 控制器看门狗动作。

当发生变桨急停时，变桨系统不再响应主控 PLC 控制器的命令，变桨系统直接向 90°顺桨，直至限位开关触发。

（六）维护状态

机组处于待机状态，此时如触发手动维护开关，机组直接进入维护状态。风力发电机组处于运行状态（待机、启动、发电三个状态）时，如触发手动维护开关，则机组执行正常停机过程，而后进入维护状态。维护状态允许以下操作：手动模式偏航、手动模式变桨、维护刹车、水冷系统控制和发电机冷却系统控制等。

在日常维护中，只有机组处于维护状态，工作人员才可以对机组进行维护。在维护状态下，各系统和大部分部件已不再自动工作，即 PLC 控制系统不再下达工作命令，但电气部件仍然带电。在接触带电部件前，须手动将断路器断开，确保电压在安全范围内方可进行维护工作。

（七）安全保护系统

风力发电机组是智能化自动运行设备，整个运行过程都处于 PLC 控制器监控中。其中，风力发电机组的安全保护系统可以保障其安全运行，主要分三层结构：计算机控制系统、独立于计算机的安全链和器件本身的保护功能。

计算机控制系统在机组发生超限振动、过速、极限风速等情况时保护机组安全停机。

安全链是独立于计算机系统的软硬件保护措施。采用反逻辑设计，将可能对风力机组造成严重损害的故障节点串联成一条回路。一旦其中某个节点动作，将引起整条回路断电，机组进入紧急停机过程，并使主控系统和变流系统处于锁定状态。如故障节点不排除，将无法实现机组的正常运行，安全链也是整个机组的最重要的保护，它与机组的计算机控制系统启动起共同保护的作用。安全链模块由符合国际标准的逻辑控制模块和硬件开关节点组成，使机组更加安全可靠。

器件自身的保护功能是保护风力发电机组及主要部件免受高压、过流的冲击损坏，以及外部环境的影响，如防腐、防潮、防霉变、防雷击和散热措施等。

（八）风机运行控制

风力发电机组的运行控制系统能够优化输出功率，并能限制设备的机械应力达到比较小的值。由于风力发电机组可以变速运行，因此就能保证设备在大多数时间里保持较好的效率值。风力发电机组的运行控制系统是依据功率曲线执行的，并保证风力发电机组在对应风速段内有较佳的输出功率。同时，该系统根据风速采取了不同的控制方式。

1. 部分负荷

风速低于额定风速时，风力发电机组的输出功率低于额定功率。风力发电机的控制主要为功率调节控制，通过增减输出功率保证叶轮转速在规定的速度曲线数据范围内。

2. 满负荷

风速高于额定风速时，输出功率会超过额定功率。为防止该现象的发生，要限制叶轮吸收风能的能力。为保持发电机输出额定功率，应调整叶片桨距角，使输出功率保持在额定功率点上。

第二节　主控系统

一、主控柜

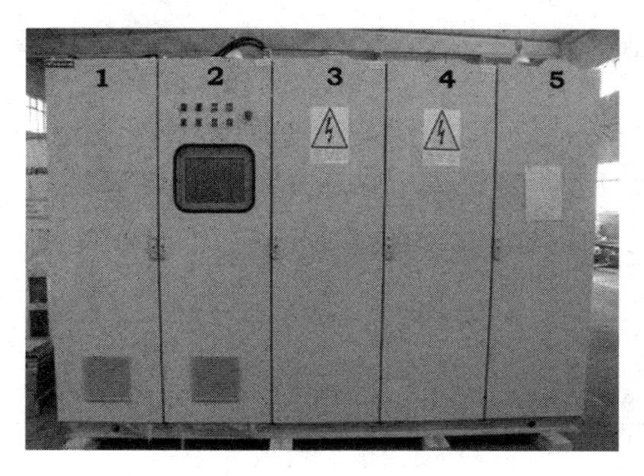

图 4-2　主控制柜

1-配电柜；2-主控柜；3-变流柜；4-变流柜；5-电容柜

主控制柜主要由低压配电单元和可编程控制器（PLC）及其扩展模块组成，主要完成数据采集及输入、输出信号处理和逻辑功能判断等功能。主控制柜能够满足自动运行、实时监测及智能控制的要求，运行数据与统计数值可通过就地控制系统或远程中央监控计算机记录和查询。它可以通过就地操作面板显示风力发电机组信息，通过就地按钮和就地监控系统对风机操作，并且可以有远程中央监控系统实施对风力发电机组的启动、停机和复位等基本操作。

低压配电单元主要由断路器、接触器和继电器等元件组成。

二、主控制器

机组的主控柜内安装着主控制器（PLC），即风机的“大脑”，它控制整个机组的运行。

主控制器主要实现风力发电机组的过程控制、安全保护、故障检测、参数设定、数据记录、数据显示，以及人工交互，配备有多种通信接口，可实现就地通信和远程通信功能。

一般主控制器与其他控制系统间采用现场总线方式组网，在通信网络内可以组成主从站的控制方式。它是一种工业数据总线，此通信方式安全可靠。

主控制器是机组可靠运行的核心，主要完成数据采集及输入、输出信号处理，逻辑功能判定，对外围执行机构发出控制指令，与机舱柜及变桨控制系统通信，接收机舱柜及变桨控制系统的信号。与远程监控系统通信、传递信息等，见图 4-3。

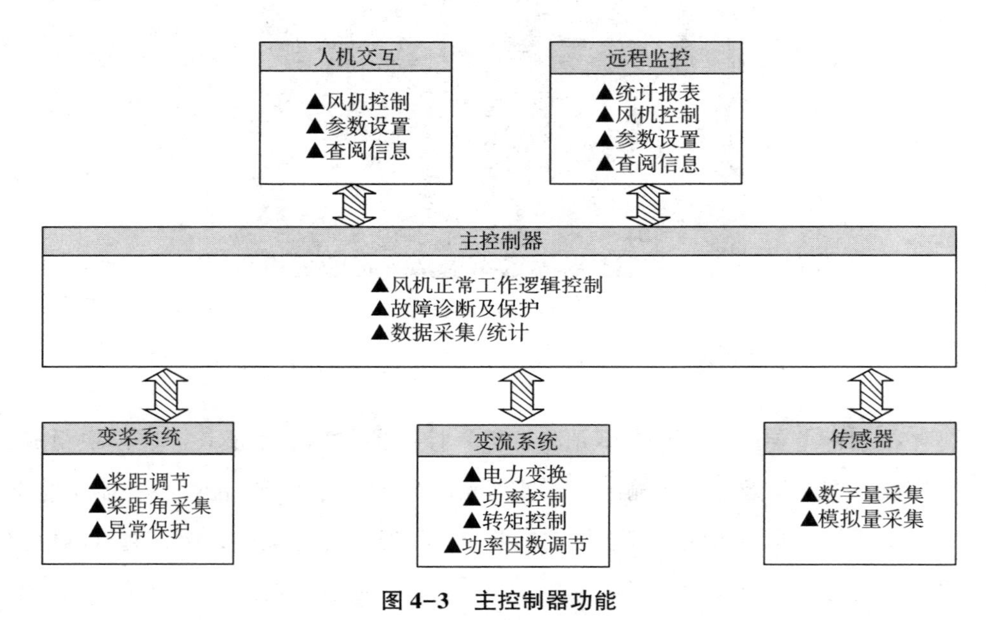

图 4-3　主控制器功能

三、控制按钮和状态指示灯

柜门上有控制按钮和状态指示灯。控制按钮包括紧急停机按钮、复位按钮、停机按钮、启动按钮和维护开关。状态指示灯一般包括故障灯（红色）、准备灯（蓝色）、运行灯（绿色）、并网灯（黄色），可通过主控柜上的指示灯点亮情况判断机组所处的状态，见图 4-4。

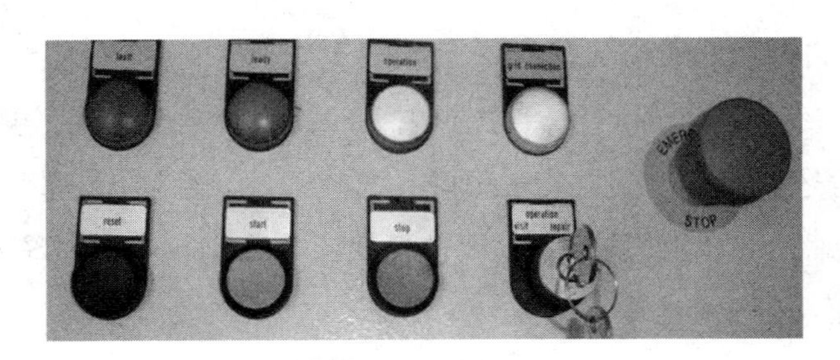

图 4-4　控制柜

1. **紧急停机按钮**

出现特殊情况时，按下紧急停机按钮，此按钮按下后安全链断开，机组在运行状态下将执行紧急停机。

2. **复位按钮**

按下该按钮后，系统的安全链恢复，会清除机组故障反馈信号。

3. **停机按钮**

手动停机。按下按钮后机组执行正常停机过程。叶轮在旋转状态会缓慢停止，最终叶轮和发电机转速会降至零。

4. **启动按钮**

手动启动风力发电机组。按下此按钮后，系统执行风机启动过程，由于风吹到叶轮上产生的升力，叶轮转速会慢慢上升，达到启动转速后，叶轮带动发电机开始发电。

5. **维护开关**

维护按钮的作用是，当机组停机后，需要对机组维护时，必须将其操作到维护状态。

四、人机交互界面

人机交互界面，又称为“控制面板”，主要对机组状态进行监控，查看数据，了解机组的状态和数据信息便于人员维护，见图 4-5。软件界面由以下七部分页面组成。

（1）风机主要信息页面，主要包括常规数据、累计量、风机控制功能、机组基本信息、自启动及纽缆状态。

（2）叶轮/变桨系统数据页面，主要包括变桨温度数据、变桨角度数据、变桨电源数据、变桨安全链信号、变桨系统操作模式信号、变桨系统开关量状态信号等。

（3）变流器/冷却系统页面，主要包括变流器数据、冷却系统数据、冷却系统信号、变流器运行状况等。

（4）电机/电网系统页面，主要包括发电机数据、电网数据、发电机温度数据。

（5）偏航/液压系统页面，主要包括系统配置信息、设备工作时间信息、偏航系统信息、液压偏航状态信号等。

（6）环境/机器设备/控制柜页面，主要包括环境状况数据、DP 通信状态数据、机舱振动加速度数据，环境/机器设备/控制柜的数量状态信号等。

（7）调试及参数设置页面用于机组的调试和参数的修改。在机组调试过程中，可以控制机组部件进行相应的动作，修改运行数据和机组的重要的发电参数，机组的运行时间等。

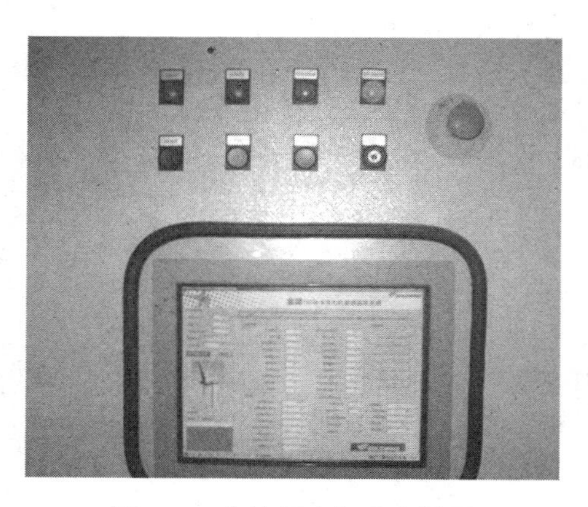

图 4–5　主控柜人机交互界面

五、主控系统电气部分的检查和维护

主控系统电气部分主要在塔底，包括柜体外部和柜体内部的电气部件检查、维护。主控系统电气部分的主要维护内容包括以下八个部分。

1. 检查塔架接地电阻

一般风力发电机组的整机接地电阻必须≤4 欧姆，必要时还需复检。接地电阻影响到整机的安全，如接地电阻过大，会导致整机防雷能力降低，可能会导致雷击过压器件损坏。接地不良还会导致电磁干扰，影响机组运行。

2. 检查塔架照明设备

应检查塔架灯开关是否可以正常使用，灯是否可以点亮，如照明灯损坏，需要及时更换。因在塔架内维护时，照明差会给维护人员带来安全隐患。检查塔架灯座固定与塔架灯电缆的固定是否牢固，电线有无破损。照明电缆如存在破损，需要及时缠绕绝缘胶带处理，防止人员被电伤，应将灯电缆重新绑扎牢固。如果使用应急灯，还需要定期测试其应急功能是否正常。

3. 检查塔架内敷设的电缆

需要在定期和日常维护中对塔架内的电缆进行检查，包括主动力电缆、控制信号电缆等。主要检查电缆绝缘层有无磨损、电缆绝缘层有无烧灼、鼓包、龟裂，以及电缆有无下滑扭曲的现象。

4. 检查塔架电缆夹板

塔架内主动力电缆经发电机出线后沿塔架壁至主控和变流柜内。在塔架壁上，每隔几米距离便有电缆夹板固定电缆，能起到固定电缆的作用。主要检查内容包括：电缆夹板有无老化，固定螺栓是否紧固；电缆固定在电缆卡槽内，无电缆从夹板中滑脱、被挤压。

5. 检查机组软件版本号

打开人机交互界面，在控制面板上查看主控系统使用的软件和程序版本号，与厂家要求软件和程序版本号进行比对，以确定该机组主控制器软件和程序是否为最新版本。软件或程序升级主要为机组优化功能等，指软件从低版本向高版本的更新，由于高版本常常修复低版本的部分缺陷，所以软件升级后，一般都会比原版本的性能更好，得到优化的效果，用户也能有更好的体验。

6. 测试主控柜急停按钮功能

通过监控面板查看主控柜急停按钮报警指示。当按下急停按钮后，面板提示急停故障，当旋开急停按钮后，按下复位按钮键，可以解除急停故障，表明主控柜急停按钮的功能正常。

7. **主控柜加热器和散热器维护检查**

温度控制器能够正常控制加热器的启动与停止。调整温度控制器，查看加热和散热器风扇开关是否打开，如风扇可以正常运行，表明主控柜内加热和散热器功能正常。需要每半年清理散热器通风滤网上沉积的灰尘，以保证柜体通风散热良好。

8. **主柜 UPS 蓄电池维护**

蓄电池的寿命一般在 3 年以上，由于现场环境恶劣，受温度、湿度等外界环境影响，会缩短蓄电池的使用寿命。如果维护工作做到位，就可延长蓄电池寿命。**注意**：如 UPS 长期处于电网供电状态，很少放电供电，可每隔半年定期将蓄电池放电一次。将 UPS 带 60%以上的额定负载进行供电，直至蓄电池耗尽和 UPS 自动关机，再给蓄电池充满电便可正常使用。

蓄电池的容量与环境温度密切相关，应尽量避免在温度过高或过低的环境中使用，蓄电池一般工作的环境温度达到 35 ℃以后，温度每升高 10 ℃，蓄电池的寿命将比正常情况下蓄电池的寿命缩短一半左右；而环境温度过低，蓄电池的容量也将会大打折扣。电池容量和环境温度的关系，见表 4-1。

表 4-1　电池容量与环境温度关系

温度（℃）	30	20	0	-10	-20
可供使用容量（%）	102	100	87	75	61

主控柜内 UPS 整定值的设定，检查 UPS 的参数设置是否正确，一般不同型号的电控柜体，其 UPS 参数设置也略有不同，需要根据厂家要求的参数进行设置。使用一字螺丝刀旋转调整箭头指向，下图已设置时间 Tmax 为 10 分钟，电池容量设置为 7.2 Ah。见图 4-6。

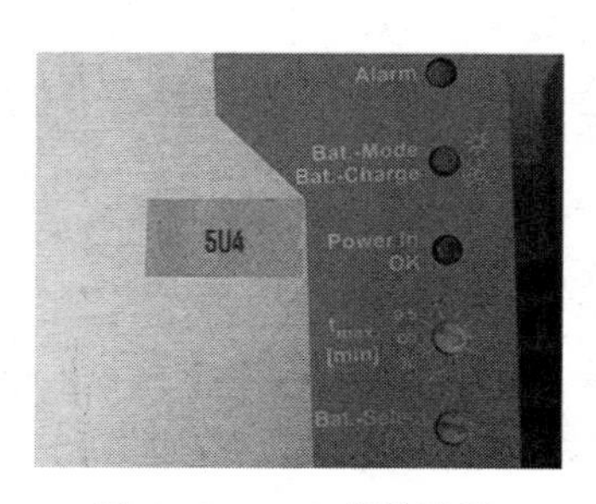

图 4-6　UPS 参数设置

控制柜背板上的锂电池的保险检查，需要去除保险后，通过万用表测量保险的电路通断，来判断保险的好坏，见图 4–7。

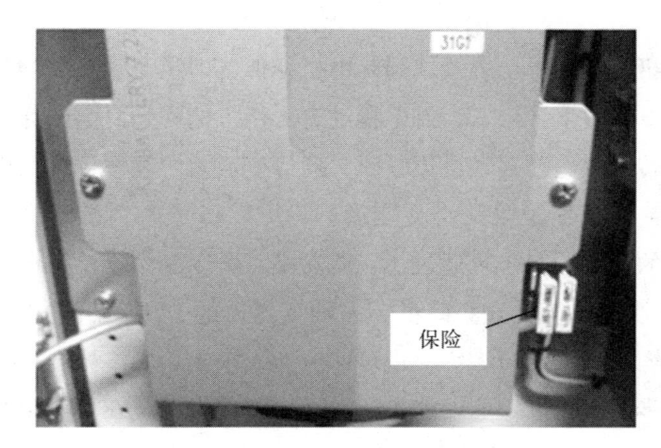

图 4–7　UPS 电池及其保险

主控柜的电气检查和维护还包括以下七项。

（1）主控柜内线缆及接线端子维护检查。

（2）检查柜门和柜门锁是否正常，柜体照明灯是否正常。

（3）检查地面板显示是否正常，查看数据有无异常。

（4）检查柜体内是否有杂物，并清洁柜体。

（5）检查各散热器过滤棉有无污损或破损，并及时清理或更换。

（6）检查所有继电器、接触器、断路器、端子排接线是否松动。

（7）检查柜内主要零部件接地及柜体接地与接地极的连接是否牢固、可靠。

第三节　变流器

一、变流器的分类和工作原理

变流器是使电源系统的电压、频率、相位和其他特性发生变化的电器设备，一般分为电压型和电流型两种，均为“交—直—交”回路。由于发电机一般呈感性，它和电网之间存在无功功率传送，因此在中间的直流环节中，需要有缓冲无功功率的元件。如果采用电容器来缓冲无功功率，则构成电压源型变流器；如采用电抗器来缓冲无功功率，则构成电流源型变流器。

根据风力发电机组类型的不同，变流器又分为双馈型变流器和全功率变流器两种。

双馈发电机在结构上与绕线式异步电机相似，即定子、转子均为三相对称绕组，转子绕组电流由滑环接入，发电机的定子接入电网。而电网通过双馈型变流器向发电机的转子供电，提供交流励磁。通过变流器的功率仅为发电机的转差功率，该功率变流器是四象限交直交变流器，可以将转差功率回馈到转子或者电网，双馈电机的变流器由于只通过了转差功率，所以其容量仅为电机额定容量的1/3，相对于全功率变流器大大降低了并网变流器的造价，网侧和直流侧的滤波电感、支撑电容容量均相应缩小，也可以方便实现无功功率控制。

直驱型同步发电机发出的电能不稳定，一般输出电压在0~690 V变化，频率低在0~13 Hz变化，因此无法直接并入电网，必须通过全功率变流器的电能变换，才可以将同步发电机发出的电能转换适合电网的洁净能源。

全功率变流器在直驱型风力发电机组中的主要作用是：从整机控制角度上定义，可以调节发电机电磁扭矩；从能量转换角度定义，将发电机发出的电能转化成与电网频率、相位、幅值相对应的交流电，满足并网条件。见图4-8。

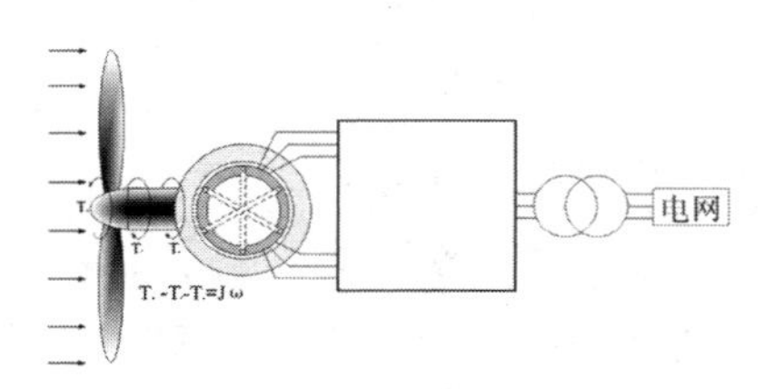

图 4-8　变流器作用

叶轮系统在风作用下会产生气动扭矩 T_a，叶轮在转动过程中会因轴承滚动的摩擦力等产生制动扭矩 T_f，与叶轮旋转方向相反。叶轮带动发电机转动，转子上的永磁体旋转切割定子绕组产生感应电势，如果定子绕组中有电流流过，将产生电枢反应，通过磁场的作用产生阻碍转子转动的电磁力矩 T_e。在这几个扭矩的作用下，形成叶轮和发电机系统刚体动力学方程：

$$T_a - T_f - T_e = J\omega$$

由方程可知，当 $T_a > T_f + T_e$ 时，叶轮和发电机系统将在启动力矩作用下转速上升；反之转速将下降。T_f 基本为恒量。因此想要调节叶轮转速 $J\omega$，可以通过调节 T_a、T_e。风力发电机组上存在两种调节方法：一种是变桨距调节起动扭矩（即调节 T_a），即通过改变叶片桨叶角度的方式调节作用在叶片上的扭矩；另一种是调节发电机电磁扭矩，（即调节 T_e 的方式）。从控制角度来看，变流器需要具有调节发电机电磁扭矩的作用。从能量角度来看，风能转化成叶轮系统旋转机械能再通过发电机转换成电能，变流系统需要将发电机发出电能转换成与电网频率、相位、幅值相对应的交流电，从而完成能量转换。

二、变流器的组成

风力发电机组中的变流器均为“交—直—交”的工作原理，变流器主要分为网侧逆变器、机侧整流器和直流部分。但由于各个厂家结构设计和材料选型的不同，其结构布局也有很大不同。以全功率变流器的一种类型变流器为例，它的能量流动方式为：由发电机到 Du/Dt 滤波单元，再经发电机整流单元将交流电压整流为直流电压后，送至直流母线支撑电容。再通过网侧逆变单元，将直流电压逆变为与电网同频率、同相位、同幅值的交流电压，经过网侧主开关（网侧断路器）送至风机箱变，风机箱变将风力发电机组的交流电压一般为 690 V，升压为 10 kV 或 35 kV 高压，即接入电网。

变流器的主要组成为 Du/Dt 滤波器、机侧整流单元、放电回路、制动单元、网侧逆变单元、预充电回路、变流 PLC 控制器和辅助散热器等。

1. Du/Dt 滤波器

Du/Dt 滤波器安装在发电机和机侧整流单元之间。目前，变流器中功率单元一般为 IGBT（Insulated Gate Bipolar Transistor）——绝缘栅双极型晶体管设计。其开关变频较高，能量转换过程快，但由此也导致变频器输出电压的波形十分陡峭，直接对电机定子绝缘产生冲击，加速绝缘老化，从而损坏电机。因此通过增加 Du/Dt 滤波器，可起到对输出电压进行滤波作用，保护电机不受冲击。

2. 机侧整流单元

机侧整流单元共三相六个相同的 IGBT 单元，是将发电机发出的电能转换为直流有功传送到直流母线上。

3. **放电回路**

放电回路在变流器停机后将母线上残留的能量通过放电电阻消耗掉，保护机械设备和人身安全。其本质是给母线上的电容放电，放电回路在变流器正常运行期间不起作用。

4. **制动单元**

当直流母线上的电压过高时，一般达到固定的电压限值，制动单元便开启，通过制动电阻模块下桥臂，释放直流母线上过多的能量，维持母线电压稳定。制动单元的作用是防止直流母线过压，保护电气部件不受损坏。

5. **网侧逆变单元**

网侧逆变单元的作用是将发电机发出的能量转换为电网能够接受的形式并传送到电网上。逆变单元是三相全桥有源逆变，将直流电转变成工频电压、与电网同相位稳定的交流电。

网侧六个 IGBT 模块构成三相，每相两个通过网侧电抗器相连。同相两支 IGBT 模块控制信号有 180°的相位差，以减少汇入电网的谐波电流。

单支 IGBT 模块的组成结构包括 IGBT、支撑电容（铝电解）、滤波电容、熔断器、过压保护板等，见图 4-9。

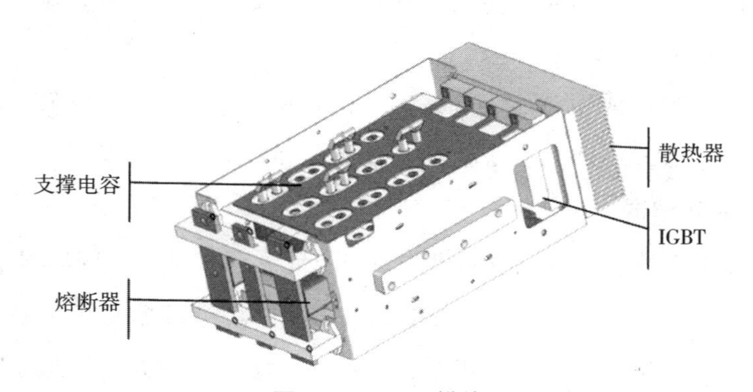

图 4-9　IGBT 模块

IGBT 是由 BJT（双极型三极管）和 MOS（绝缘栅型场效应管）组成的复合全控型电压驱动式功率半导体器件，兼有 MOSFET 的高输入阻抗和 GTR 的低导通压降两方面的优点。GTR 饱和压降低，载流密度大，但驱动电流较大；MOSFET 驱动功率很小，开关速度快，但导通压降大，载流密度小。IGBT 综合了以上两种器件的优点，驱动功率小而饱和压降低。

6. **预充电回路**

在网侧主开关闭合之前，需要给直流母排预充电。因为直流母排上带有大容量电容器，若不预充电，则在闭合网侧主开关时会对系统造成很大的电流冲击。

预充电时，预充电继电器动作预充电回路闭合。网侧电压通过限流电阻、网侧电抗、网侧逆变单元来给直流母线充电。在此过程中，与网侧 IGBT 反并联的二极管起到整流二极管的作用。在母线电压达到正常范围内，网侧主空开闭合，预充电完成。

7. **变流控制系统**

变流器 PLC 控制系统主要包括 PLC 控制采集、CAN 网络通信、DP 网络通信和故障判断四个功能，各个功能的作用如下。

（1）PLC 控制采集。对安全链、电源故障、湿度状态、柜体温度、水管温度等数据进行采集，对安全链信号的输出、预充电等进行控制。对各个控制器的状态进行读取，根据主控的命令来控制变流器的整体控制。

（2）CAN 网络通信。实现的是各个 CPU 板、PLC 之间的环网通讯。通过 CAN 总线读取各个控制器的运行参数、状态字、故障字等运行数据，下发控制参数、控制字等控制信息。

（3）DP 网络通信。实现风力发电机组 PLC 主控制器与变流器的数据交换。通过 DP 总线实现变流数据上传和主控命令的接收。

（4）故障判断。变流器 PLC 自身会进行一些故障判断（通信的故障判断、状态的故障判断），另外还会读取各个控制器的故障信息，将故障信息汇总在故障列表中，并上传到风力发电机组的 PLC 主控制器，方便维护人员的检查和处理。

三、变流器维护

在维护前，应确保电气部件的电压处于安全范围内，并确保断路器处于断开状态。在断路器分闸 5 min，等待放电电阻对直流母排充分放电后，方可打开柜门。接触变流器内铜排或元器件之前，应使用万用表测量其对地电压是否为零，确认交、直流电压均为零伏后，方可进行操作。在对断路器维护之前，确保箱变低压侧断电，并悬挂禁止合闸标识等。

变流器的整体检查和维护内容包括检查变流器全部元器件及部件是否有裂纹、损伤、防腐和渗漏。若有裂纹、损伤等破损情况，应对破损位置进行标记，现场有相应备件的话，须及时将其更换。如有防腐问题，应对其进行修补，直到该器件的防腐问题得到解决。如有渗漏（例如液体的渗漏），则须找出渗漏源，采取维修或更换相应器件等措施。

（一）柜体密封检查

变流器内有电路控制板、IGBT 等精密电子器件，应保证柜体内的整洁和干燥，防止昆虫、尘土和湿气进入后可能会导致电子器件的短路和损坏。一般柜体密封性检查包括柜门锁是否正常可用，若损坏需要修复或更换；检查柜体密封处是否存在间隙，如存在间隙，可通过在间隙处涂抹防火泥的方式进行密封，见图 4-10。

图 4-10 电缆间隙密封

柜门密封胶条如存在开胶、脱落等情况，须使用密封胶涂抹黏接处，并保证黏接的牢固可靠，见图 4-11。

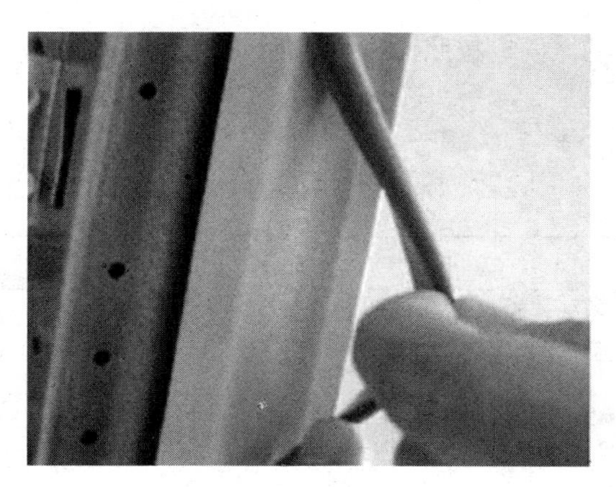

图 4-11 黏接密封胶条

（二）动力电缆的连接检查

①检查电缆接头绝缘层防护有无破损、发热变色、放电和烧灼痕迹。

②检查线鼻子压接是否牢固。

③检查 PG 锁母是否紧固。如紧固 PG 锁母后仍有空隙，应使用防火泥密封。

（三）柜内元器件检查

（1）柜内布设电缆绑扎牢固，无松动，线路松动长时间运行可能导致线路磨损、接触不良的情况，应将线路绑扎固定牢固。检查柜内铜排及电缆连接螺栓有无松动，电气部件接触情况，长时间运行会出现过温情况。如电流过大，还可能出现短路、母排过热融化的事故，须按照标准力矩要求对铜排连接螺栓紧固。还须检查柜内器件及连接点无放电、烧灼痕迹，以防出现短路、着火等。

（2）变流器长期运行于振动状态，运行较长时间后，可能会导致螺栓松动，所以需要对各个螺栓进行仔细查看。同时，应用力矩扳手对各个螺栓进行力矩校正。

在对各螺栓矫正前，要仔细检查各铜排以及螺栓上是否有上锈和污浊现象。如果存在该问题，要将上锈和污浊擦除干净，以免影响设备电气性能。

需要查看的螺栓包括网侧和机侧主电缆连接螺栓、网侧和直流侧快熔连接螺栓、网侧滤波电容组的接线螺栓、制动单元接线螺栓，变流器各地排接线螺栓等。

对变流柜螺栓的紧固应按照厂家提供的力矩值要求紧固。某型号变流器力矩清单见表 4-2。

表 4-2　力矩要求

螺栓类型	力矩值（Nm）
网侧和机侧主电缆连接螺栓	70
网侧、机侧和直流侧快熔连接螺栓	40
网侧滤波电容组的接线螺栓	9
制动单元接线螺栓	70
变流器地线排接线螺栓	40、70 、20
铜排间连接螺栓	40
水管接头螺栓	27、36、42
变流器柜体固定螺栓	20

（3）变流器内部分元件间隔一定的周期是需要进行维护保养的。定期维护是根据该器件本身的工作寿命和工作特性制定的，对特定器件的维护区别于常规的一般性的维护，需要对特定器件进行仔细查看，包括其外在特性、参数设定等，见表 4-3。

表 4-3　定期器件维护

维护周期	维护项目
每 6 个月	运行时柜内温、湿度
每 6 个月	内外部循环风扇
每 6 个月	防雷器
每 6 个月	网侧主断路器
每 6 个月	接地系统检查
每 1 年	IGBT 功率模块
每 1 年	制动单元
每 1 年	水冷管
每 2 年	网侧滤波电容

（4）应对继电器等嵌入式元器件进行连接检查。继电器长期运行器件可能会出现松动现象，所以需要维护和检查，检查内容包括以下三部分。

对继电器和接触器的检查。变流器控制柜内使用了很多继电器，每次检查时都应检查每个继电器、接触器及底座是否安装牢固。无法安装牢固的继电器和接触器及底座必须立即更换。检查继电器和接触器相应接线端是否牢固，同时将每根线用适合的小一字重新紧固，无法紧固的应立即更换。

对各种插头类端子进行检查。变流器所用插头类端子有 Harting 端子、DP 插头、快熔节点、控制板电源插头、控制板信号插头、以太网接头、网侧断路器接线等，这些都要仔细检查。若连接出现松动，需要立即将其插紧，无法连接牢固的接插件则应立即更换。

设备上的端子排及导轨终端固定件都必须使用适合的小螺丝刀重新紧固。无法连接牢固的端子排及导轨则需要立即更换。

（四）柜体温、湿度控制器检查

变流器温度和湿度控制器，在柜体出厂前全部设定完毕，在后期维护过程中，维修保养工应对控制器的设定值进一步地予以确认，并定期检查。一般两个温度控制器设定值在 5 ℃和 35 ℃，即当柜内温度小于 5 ℃后，开启柜内加热，大于 35 ℃后柜体开始散热。湿度控制器的设定值在 75%，当柜体内湿度大于该值后，启动自动除湿功能。温度控制器、湿度控制器控制加热器、除湿机的启动与停止，整定值根据柜体型号不同而有些差别。

柜内除湿器、加热器通常和外部冷却系统配合使用，以便更容易变流器柜内工作环境控制。通过控制系统的统一控制，可有效散热、改善低温启动并防止凝露发生。

（五）散热风扇

（1）查看风扇叶片有无断裂。如有断裂，应该及时更换。

（2）清理风扇叶片上的积尘和杂物。

（六）防雷器

①检查防雷器表面是否有烧灼的痕迹。如有烧灼，应及时更换。

②检查防雷器的连接导线是否有绝缘破损、热熔及烧灼的痕迹。如导线有损坏，需要将该防雷器和导线一同更换。

③检查防雷器的接线端子是否松动，电气连接是否可靠。

④上电后，观察防雷器运行指示灯是否点亮。如果指示灯不亮，应先检查线路，再确认防雷器是否损坏，如有损坏立即更换。

（七）接地系统检查

（1）检查各接地铜排与线缆连接有无松动，确保接地阻值在 0.7 Ω 以下。

（2）绝缘检查，铜排 U、V、W 三相分别对地排绝缘测试，要求绝缘值在 500 M以上。

（八）电容器检查维护

在变流器网侧装由电解电容器串并联组成的电容组，其主要目的是和网侧电抗器组与网侧电抗器一起组成 T 型（LCL）滤波器，降低高频谐波电流，提高风力发电机组的发电质量。网侧滤波电容器组见图 4-12。

图 4-12　电容器组

一般对电容器的检查主要包括：电容器电缆绑扎牢固，器件固定可靠；电缆、接线端子及元器件无烧灼、放电痕迹；观察网侧电容无漏液、鼓包现象。如电容器存在鼓包、漏液、裂口等情况时，需要及时更换，否则长时间运行可能会因出现电容器过温、网侧谐波失真和三相电流不平衡等情况。

在实际运行中，如观察效果不明显，可以通过万用表电容值测量功能检测网侧滤波电容容值。需要对单个电容进行测量，必须拆除电容器上的接线，一般电容器容值超出额定的正负10%时，须进行更换。

电容在库房放置一年以上时间，待装机再次运行时需要进行电容激活试验。因直流支撑电容采用铝电解电容，当现场铝电解电容长期未使用超过一年（含一年），再次使用时需要将其激活。在恶劣工况下，如沿海、昼夜温差大等地区更需重视电容激活；如不执行电容激活试验，可能导致电容运行中失效。

（九）柜内水冷管道的检查

检查变流器柜内水冷管道有无破损、积漏水的情况。如存在漏水，要立即处理，以防柜内器件短路和柜体内湿度升高。

（十）制动电阻的检查和维护

电阻箱上及电阻箱附近应该无杂物，尤其是可燃物。制动电阻在工作时，温度可达上百摄氏度，易烧坏周边器件。另外，在风机运行期间，维修保养工不得靠近制动电阻，以防电伤、灼伤。

断电后检查制动电阻内有无烧灼、老化、放电等痕迹，电阻条有无松动现象。如存在以上情况，需要对其进行更换或紧固。同时，可将电阻两端接线拆除，使用万用表测量制动电阻的阻值，一般制动电阻每相阻值在几欧姆，其阻值会根据机组类型、容量、材料有所不同。

另外，还要检查制动单元安装固定是否牢靠，确保不存在可晃动现象；检查制动单元接线是否牢靠，确保不存在松动现象；观察检查制动单元内电容外壳是否变形，如有变形，需要立即更换制动单元。

（十一）网侧和机侧断路器的检查维护

（1）断路器吸合正常，无杂音。

（2）断路器铜排及线鼻子连接螺栓牢固。

（3）电缆接头绝缘层防护没有破损、发热变色、放电和烧灼痕迹。

（4）断路器控制线路绑扎牢固，接线端子无放电和烧灼痕迹。

（5）断路器操作机构无灰尘，对操作机械、操作机构进行润滑保养。

（6）目视查看断路器表面有无裂痕。如有裂痕，应立即更换断路器。

（7）利用摇杆，将断路器手动断开。确保其可切断正常。如无法手动切断，需要更换断路器。

（8）检查接触开关，以确保机械结构动作正常。

（9）确保开关绝缘正常（绝缘值大于 500 mΩ）。如过绝缘值无法达标，要立即更换断路器。

（10）检查断路器“拨码”整定值。如有异常，必须立即恢复其出厂设定状态。

（十二）IGBT 模块的测量方法

为保证模块在正常性能下运行，可以通过测量 IGBT 反并联二极管的方法，确定 IGBT 的工作情况。所有操作必须在主断路器断开后，正、负直流母排放电完毕后才可进行。

打开 IGBT 柜门，用直流电压档测量直流母线电压，确认在安全电压以下。然后将万用表设为二极管档位，按照表 4-4 顺序测量功率模块，并记录数据。将两根万用表笔测量导线，其中一根插入“COM”端口（黑色导线），另一根插入“V”端口（红色导线）。

表 4-4　IGBT 模块测量

红表笔接模块交流端 AC	黑表笔接模块正母排 DC+	0.2~0.3 V
	黑表笔接模块负母排 DC-	示数不断增加
黑表笔接模块交流端 AC	红表笔接模块正母排 DC+	示数不断增加
	红表笔接模块正母排 DC-	0.2~0.3 V

对单支模块上桥臂测量。图 4-13（a）中“V”端口表笔接模块交流端 AC，“COM”端口表笔接模块直流端 DC+，万用表显示上桥臂反向并联二极管导通压降稳定值为 0.255V。图 4-13（b）图中“COM”端口表笔接模块交流端 AC，“V”端口表笔接模块直流端DC+，万用表显示上桥臂正向压降值不断增大。

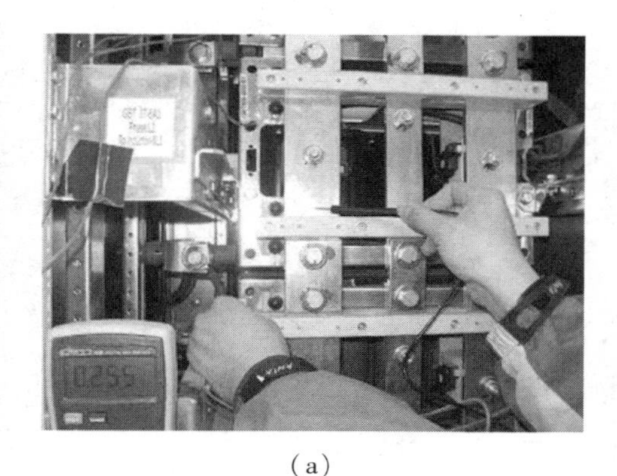

（a）

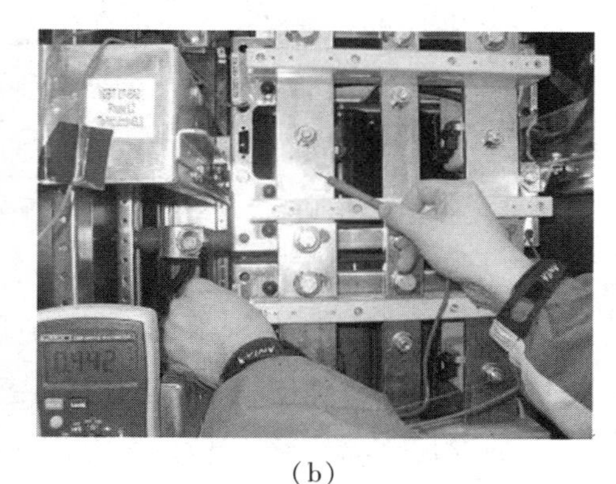

（b）

图 4-13　IGBT 上桥臂压降测量

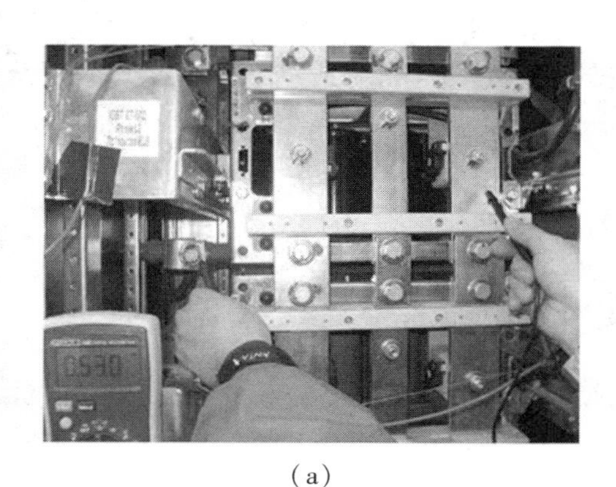

（a）

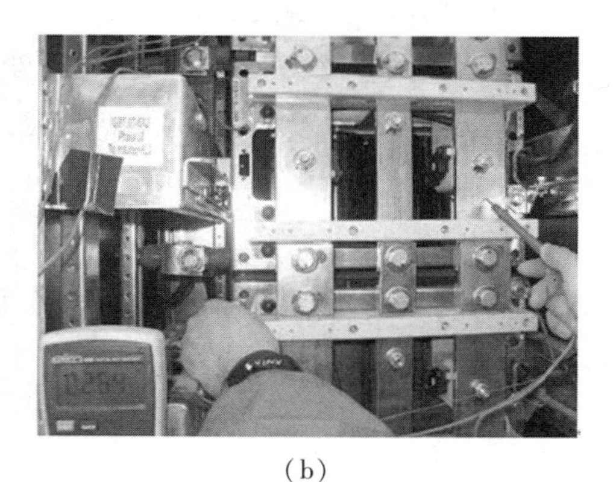

（b）

图 4-14　IGBT 上桥臂压降测量

对单支模块下桥臂测量。图 4-14（a）图中“V”端口表笔接模块交流端 AC，“COM”端口表笔接模块直流端 DC-，万用表显示下桥臂正向压降值不断增大。图 4-14（b）图中“COM”端口表笔接模块交流端 AC，“V”端口表笔接模块直流端 DC-，万用表显示下桥臂反向并联二极管导通压降稳定值为 0.254 V。

13. IGBT 模块的更换方法

1. 更换注意事项

（1）在更换之前，将冷却液排放到空容器内。

（2）将主断路器断电，以保证作业安全。

（3）更换过程中不能丢失、遗落螺丝和垫片。如果在拆卸过程中垫片或螺母掉落，须找到丢失的器件，方可继续工作。

（4）在更换结束前，应记录器件编号，并做好记录。

2. 更换前准备工作

（1）将主控柜打到“service”维护状态。

（2）打开水冷柜，将水冷柜开关置于“OFF”断开状态。

（3）打开变流柜控制柜，将所有的电源开置于“OFF”断开状态。

（4）将主断路器维护钥匙旋转到水平状态（断路器锁定位置）。

（5）将 IGBT 模块上的保护盖板拆除。

（6）使用万用表直流档测量直流母排的正负电压和对地电压，保证电压处于安全电压范围内。使用万用表的交流档测量损坏模块下的 U、V、W 相的相间电压和对地电压均在安全电压范围内。

3. 拆除铜排

（1）拆除铜排与连接柜体铜板上的螺栓，正负极各 4 个。

（2）拆除铜排上的预充电线。

（3）拆除铜排与 IGBT 连接的螺栓。取下铜排和铜排下的方形铜板，放到固定地方。

（4）用同样的方法拆除相邻柜体中铜排上与柜体连接铜板的螺栓，见图4-15。

4. 拆除 IGBT 模块连接线

（1）拆除与控制盒连接的 IGBT 模块的前盖板，见图 4-16。

（2）拆除后，拆除控制盒与 IGBT 的电源线、通信线和信号线等。

（3）取下与控制盒连接的 IGBT 模块中的控制线。

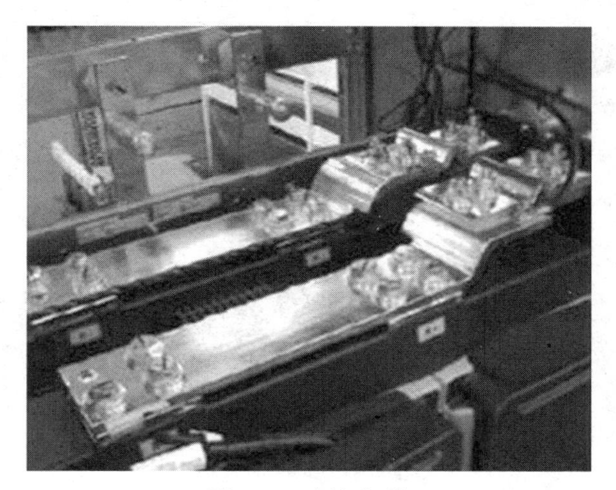

图 4-15　拆卸铜排

图 4-16　拆除前端盖

5. 拆卸 IGBT 间连接母排

（1）拆卸 IGBT 上的黑色塑料盖螺丝。

（2）取下螺丝塑胶盖和防尘垫，见图 4-17。

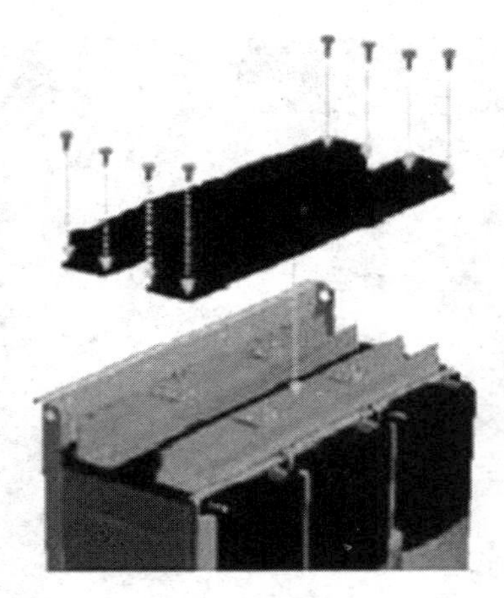

图 4-17　拆除防尘垫

（3）使用 6 mm 的内六角扳手，取下 IGBT 的正负母排。

注意，IGBT 单元的连接母排要全部取出，不能分片取出；否则安装恢复时，易出现安装错误。

6. **拆除冷却水管**

使用扳手将 IGBT 模块水冷管从水冷分配器上拆除，并将水管堵头锁紧。将拆除的水管从通道内取出。

图 4-18　拆卸冷却水管

7. **拆卸交流侧母排**

（1）拆除 IGBT 模块与发电机侧连接母排，见图 4-19。

（2）取下连接在 IGBT 上的地线。

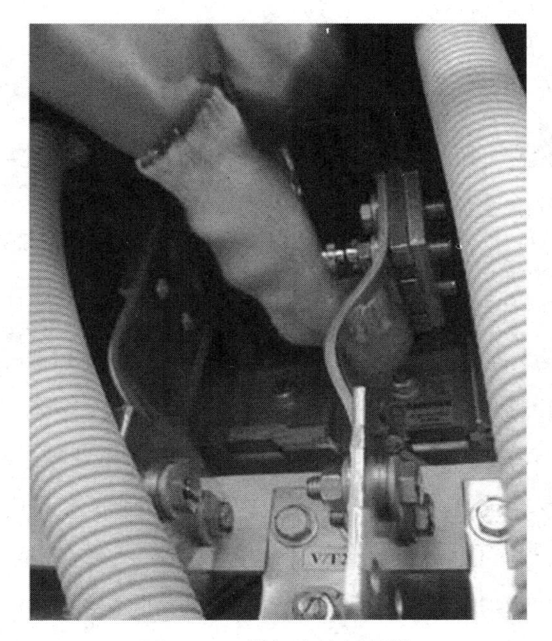

图 4-19　拆卸交流侧母排

8. **取出 IGBT 模块**

（1）拆卸 IGBT 模块下方与支架连接的螺栓，共 2 颗。

（2）旋松 IGBT 模块上方与支架连接的螺栓，保持螺栓平面与支架面的间隙约为 3 mm。

（3）IGBT 悬挂在旋松的螺栓上。两人配合取出 IGBT 模块。

9. **安装新模块**

（1）安装时，按照以上相反顺序将新模块安装在柜体内。

（2）安装完成后，需要检查各个连接螺栓是否紧固、器件有无缺失。

（3）将冷却系统加水后，观察冷却管道、接头有无渗漏。

10. **启机前测试**

（1）将柜门关闭，开始新 IGBT 模块的正常测试。

（2）通过控制面板上的测试功能，将变流器功能设置为“测试模式”。

（3）将直流母排预充电功能设置为触发模式，直流电压上升，直至保持在

900~1000 V 之间，且无任何故障，表明安装完成。

（4）退出测试模式后，机组正常启动。

（十四）柜内除湿操作

如果柜内存在湿气和凝露，应停止变流器运行，对其进行除湿操作。基本的操作步骤为：停止变流器运行→断开主电源→强制除湿→自动除湿→运行观察。

（1）擦除凝露。停止变流器运行和断开主电源，如柜内可见水珠、积水，需用干燥大布清理干净。检查电气元器件和母排、柜体内部有无凝露。如发现 IGBT 模块内存在凝露，须进行更换。

清理完毕后，使用热风烘干装置，对柜内进行烘干处理。

（2）强制除湿。强制除湿时，打开柜内温度控制器，调整为低于 45°开启加热。湿度控制器将设定值调整为低于 25%开启除湿。设定完成后，加热器、除湿机和循环风扇将会自动启动。关闭柜门，柜体自动除湿约 24 h。

（3）自动除湿。强制除湿 24 h 后，打开柜门检查除湿情况，执行自动除湿操作，验证柜体内湿度是否达到正常标准，先将调节温度控制器的设定值为 35 ℃；湿度控制器设定值为 75%。将变流柜门关闭，如加热器、除湿机和循环风扇不启动，表明柜体内湿度已满足要求。

（4）运行观察。机组启机运行时，观察控制面板的温度数据，如有异常，应停机检查。

第四节　冷却系统

为保证操作人员和设备的安全，维护冷却系统时应注意以下事项。

（1）防止触电危险。避免冷却液洒到操作平台和电气元件上。如果将冷却液洒到操作平台和电气元件上，应先将柜体断电后，使用大布擦拭和热风枪（或鼓风机）吹干后方可继续工作。禁止双手沾水后操作带电部件。

（2）冷却液含低毒性物料，操作时应注意人身保护，佩戴橡胶手套、劳保手套、护目镜，避免冷却液入口、入眼。如果不慎将冷却液溅入口、鼻、眼中，应立刻用大量清水冲洗干净。

（3）补液静压压力应≤2. 5 bar。

（4）使用按相关要求配制的防冻冷却液，或风力发电机组厂家要求的冷却液型号，否则机组断电后会导致空气散热器冻裂损坏。防冻液储存时应置于阴凉处密封保存，须防潮、防火、防曝晒及雨淋。

一、冷却系统介绍

变流器和发电机运行中会产生较大的热量，一般变流器满功率运行时发热量占总功率约3%。为了保证其正常运行，须配置一套独立的冷却系统。目前，市场上变流器冷却方式主要分为两种：水冷散热和风冷散热。风冷散热系统的缺点是散热效率低、噪音大，且空气中常会夹杂灰尘、水分、盐雾和毛絮等，均会对变流器等电气和电子部件产生危害。水冷散热系统效率高，噪音小。

水冷散热系统的原理是：通过系统管路中水循环将变流器内部产生的热量带至塔架外部散热器，再由散热器的风扇强制冷却降温，从而降低管路内水温度，见图4-20。水冷系统压力和流速均恒定，依靠管道内的冷却液介质不断循环进行冷热交换。

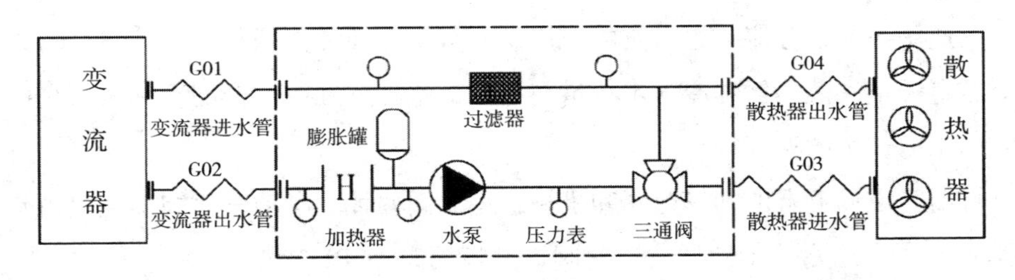

图4-20　变流器冷却系统示图

二、冷却系统组成

水冷系统是由水泵、三通阀、储压罐、电加热器、散热器、压力传感器、温度传感器、过滤器，以及附带阀门和水管管路等部分组成。水冷系统的冷却液介质主要为乙二醇和水的混合物，也有一部分厂家使用丙二醇或酒精作为冷却介质。根据冷却液介质混合配比比例不同，可以将冰点调低所需的冰点，例如冰点调整在-15 ℃～-50 ℃。

1. 水泵组

水泵组是整个系统的动力单元，由电机和水泵组成。水泵一般采用离心叶片泵，通过异步电机驱动。水泵组提供密闭循环流体所需动力，从而使管路中的冷却液不断流动，把热量从变流器中带出，在散热器处通过空气与冷却液的热交换，启动换热的作用，见图 4-21。

图 4-21　水泵和电机

2. 三通阀

三通阀是一个分流装置。它的作用是调节小循环和大循环的水流量。可以调节流经室外空气散热器和冷却水流量与不经过室外空气散热器的冷却水流量的比例，用于冷却水的温度调节。

目前，市场上有电动三通阀和机械式三通阀两种。电动三通阀即通过电动执行器驱动碟片开关工作的方式，其阀口开度可通过 PLC 程序控制。而机械式三通阀为自力式三通阀，其功能是当水温低于某温度时，温控阀不工作；当水温高于某温度时，温控阀芯开始动作。

电动三通阀和机械式三通阀的作用相同，即随着温度的逐步上升开始逐步导通水/风散热器循环回路，使得其中一部分水直接回水泵，另一部分水则进入水/风散热器进行循环；随着温度的升高，通过水/风冷却器的流量逐渐增加，直接回水泵的流量逐渐减少；直至最后冷却介质全部通过水/风散热器进行循环。

3. **储压罐**

储压罐的作用是维持冷却系统压力在一个较小的范围内波动，防止压力随温度变化大幅震荡。它的工作原理可以理解为：储压罐内部存在一个充满氮气的气囊。当系统压力变化时，储压罐内气囊被压缩或释放。当储压罐内气体压力与管路压力达到某种平衡时，管路压力保持不变，见图 4–22。

图 4–22　储压罐

4. **电加热器**

电加热器置于主循环冷却水回路，用于变流器运行时的冷却水温度调节，使冷却水温度符合要求。电加热器运行时水冷系统不能停运，应保持管路内冷却水的流动。电加热器为自动启停，同时设手动启动模式和主机请求加热模式，作为调试或冬天低温时系统启动前的预热。

5. **空气散热器**

散热器由散热板、冷却风扇及电机、壳体、端子箱等组成，见图 4–23。空气散热器配有三个冷却风扇，控制器可根据不同的温度条件下启动风扇散热。

图 4-23　空气散热器

三、冷却系统的维护

冷却系统日常工作中主要的维护包括冷却液的排液和加液等操作。水冷补液操作前应先将系统压力泄掉，观察膨胀罐气压表是否在正常范围内。如果气压降低，应进行补气、加液操作。日常的检查维护有以下一些项目：①检查主循环泵电机、空气散热器风机的噪声、振动。②水泵泵机械密封、管路、接口有无渗漏。③仪表的压力显示有无异常。④清洗水冷系统滤网。

清洗水冷系统管路内部滤网（一般清洗周期为 5 年）。主循环过滤器（Z1）滤芯清洗或更换方法如下所示。①将冷却系统停止，断开电源控制开关。②关闭所有阀门。③打开泄空球阀，泄放管道内的液体。④旋松主过滤器卡箍，将主管道过滤器盖板拆下。⑤将滤芯取下用自来水由外至内冲洗，螺纹口向下，冲洗水压力至少 3 bar，冲洗时用毛刷将颗粒物清除。⑥清洗完毕后，用纯水漂洗两次，再将滤芯装回过滤器中，旋紧螺纹。⑦合上盖板并拧紧卡箍。

1. 散热器的维护

观察空气散热器板翅芯体灰尘聚集程度，如风力发电机组处于沙尘、毛絮较为严重的地区，一般每年除尘一次。空气散热器板翅芯体表面灰尘聚积到一定程度，会影响整个液体冷却系统的散热效果，因此需要定期将铝质芯体正反两面除尘。除尘的方法为：

（1）将冷却系统停止，断开电源控制开关。

（2）断开散热器风扇电机的断路器。

（3）利用压缩空气吹脱散热器芯体正反两面，至无可见灰尘为止。

（4）闭合风机断路器和电源控制开关。

2. 排液方法

（1）打开排液阀，将系统内冷却液泄放到专用容器内。

（2）观察膨胀罐底部气压表，应保持在设备出厂预充压力值。一般根据厂家型号不同，压力有所差异，一般在 1.2～1.5 bar 之间；若气压值低于规定要求，应通过补气泵补气，保证膨胀罐压力运行在合理范围内。

3. 补液方法

（1）用加补水泵对系统进行加液操作，加水泵应配置带液面指示的加液罐。

（2）补液前应旋松手动排气阀的放气螺帽，以便在加液时管道内气体能顺利排出，排气阀见图 4-24。

图 4-24　排气阀

（3）旋松冷却系统的水泵排气阀，以便排出泵内气体。

（4）保证自动排气阀正常处于旋松位置。

（5）调节三通阀阀位至开限位，补液过程中，冷却液可以快速进入外部散热器内。

（6）将补水软管连接到水冷装置补水球阀上，将球阀调至 1/3 开度。

（7）启动补水泵，当加液罐液位降低至距罐底 100 mm 时，停止补液关闭球阀，避免补液泵内进入空气。将加液罐补充冷却液，继续补液。

（8）待排气阀出现排水时，旋紧阀门，防止冷却液流出。

（9）继续补液直至水压表压力显示系统压力为 2. 5bar 时，停止补水，关闭阀门，见图 4-25。

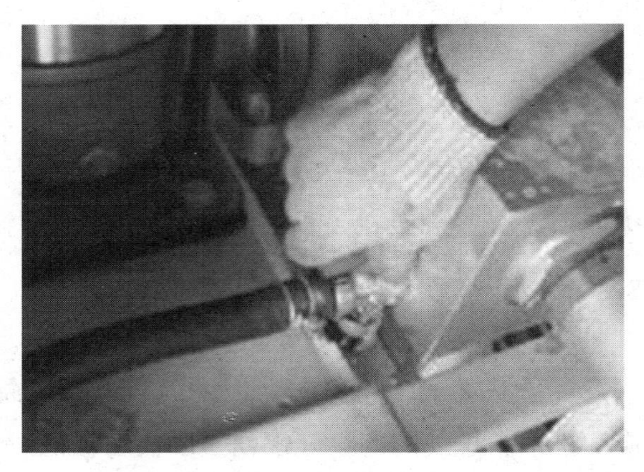

图 4-25 关闭补水阀门

（10）启动主循环泵，每运行三分钟后停止三分钟。每次主循环泵停止后，开启手动排气阀对系统内进行排气，重复这一操作直至主循环泵工作时系统压力表无明显波动，且排气阀无气体排出。最终水冷系统静态压力显示在 2. 0±0. 1 bar 范围内为正常。如排气完成后压力低于正常值，应补液。如压力较高，可打开排液阀门泄压。

第五节 机舱电气部分的维护

一、机舱柜

机舱内主要采集偏航系统、液压系统、润滑系统、风速仪、风向标、发电机转速、安全链和温度传感器等信号，通过信号发送接收器将机舱柜检测的信号传输给主控柜内的主控制器，由主控系统对信号进行统一处理，见图 4-26。

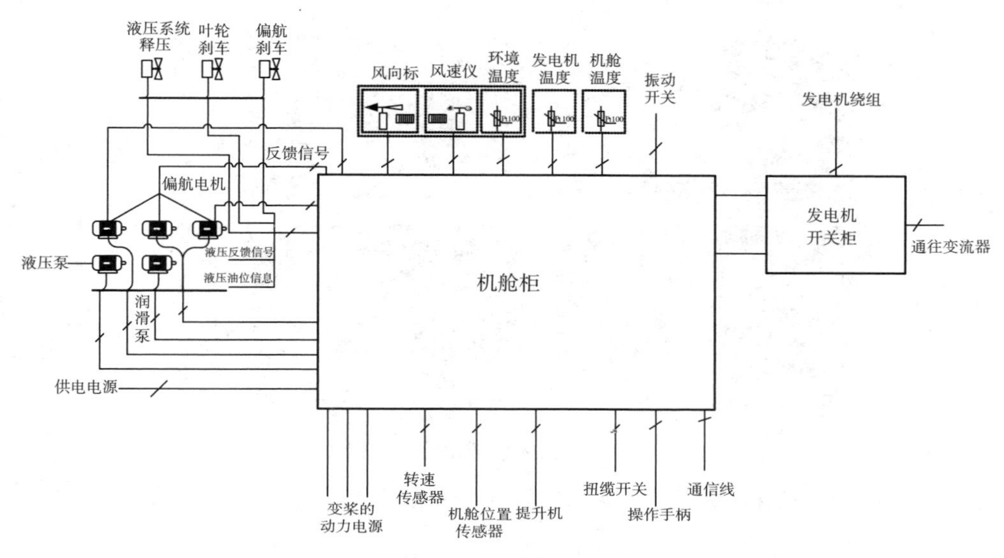

图 4-26　机舱柜接线图

二、机舱柜指示灯和控制按钮

机舱柜门上安装有控制按钮，其作用同主控柜门控制按钮相同。可直接控制风力发电机组的启动、停机、复位及急停的操作。机舱柜上的控制按钮分别为：复位按钮、停机按钮、启动按钮和紧急停机按钮。

机舱的电源开关控制机舱的电源，当其断开后，机舱内所有供电电源关闭。指示灯与主控柜门上的相同，分别为准备指示灯，表明机组已具备启动条件；故障指示灯，表明机组 PLC 控制器检测到异常状态，执行停机命令，机组报出故障；运行指示灯，表明机组正常运行中，此时 PLC 控制器未检测到异常状态；并网指示灯，表明风力发电机组的电气主回路与电网连接成功。各个指示灯可以显示出机组的运行状态，方便维护人员快速获得机组主要信息，见图 4-27。

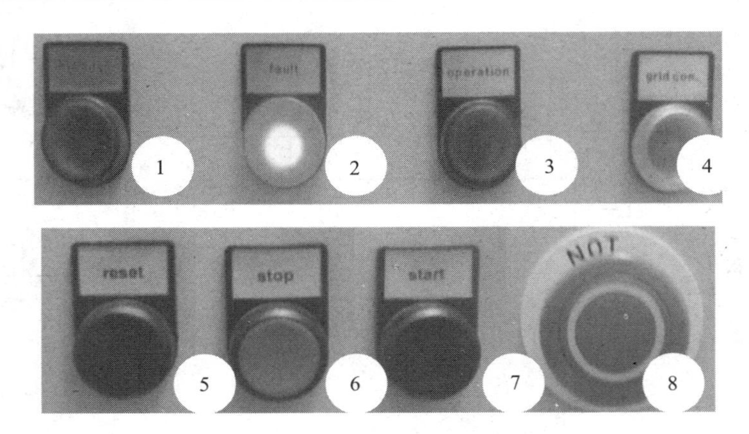

图 4-27　机舱柜指示灯和按钮

1-待机指示灯；2-故障指示灯；3-运行指示灯；4-并网指示灯；

5-复位按钮；6-停机按钮；7-启动按钮；8-急停按钮

三、机舱位置传感器

（一）机舱位置传感器介绍

机舱位置传感器固定在机舱的底座上，紧贴偏航轴承的外齿圈，其旋转部件为一个尼龙齿轮，与偏航齿盘相连，通常称为凸轮计数器。见图 4-28。

图 4-28　凸轮计数器

当偏航电机驱动偏航齿盘转动时，带动凸轮小齿旋转。在机舱位置传感器的内部有一个电位器，电位器内的滑线触头随凸轮的位置变化而进行相应的移动，电阻值也随之发生变化。阻值的变化引起电压的变化，电压信号被传送到 PLC 控制器，经过变换得到机舱位置角度值。

风力发电机组发电机出线送往塔底，因此对机舱偏航范围有一定限制，否则会导致电缆扭断。一般允许机舱在同一个方向旋转的极限为 900°，对应机舱的极限圈数为 2. 5 圈，对应凸轮计数器的旋转极限为 44 圈。凸轮计数器在对偏航位置可以实时检测偏航所处位置，其内部的一组微动开关串入了机组的安全链系统，可以对发电机的动力电缆作扭缆保护。当偏航位置超出一定限制时，机组停止偏航，执行自动解缆过程，一般会根据偏航位置大小和风速的实际情况，确定是否存在解缆的必要性。

（二）扭缆开关测试方法

测试前，应对首先对以下注意事项了解。

（1）机组处于维护状态，且紧急停机旋钮按下后方可维护，以防工作期间，偏航系统自动工作。

（2）工作期间应与偏航旋转部件保持 30 cm 距离，以防旋转部件导致人员挤压受伤等。

（3）对凸轮计数器维护时应至少两人。

为确定凸轮计数器是否正常，测试方法为：拆卸凸轮计数器固定螺栓及其外壳。然后用一字螺丝刀分别按压触发扭缆开关的左偏航、右偏航反馈触点。见图 4-29 所示，左侧为左偏航触点，右侧为右偏航触点。此时，风力发电机组会显示“扭缆开关故障”，将限位释放并对机组复位操作后故障消失，表明凸轮计数器工作正常。

图 4-29　左偏航和右偏航触点

如凸轮计数器工作不正常，需要调整凸轮传感器，操作方法为：

（1）首先驱动机舱偏航系统，使其处于偏航零位置，发电机主动力电缆处于顺缆（无缠绕、扭曲现象）的状态。

（2）打开外壳后，旋松凸轮计数器的锁定螺钉，见图 4-30。

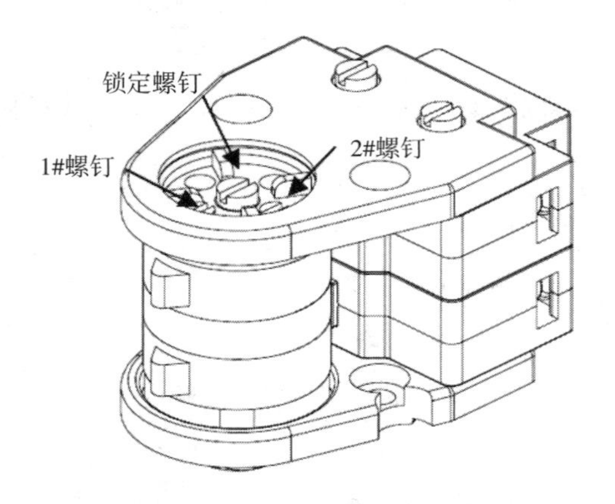

图 4-30　凸轮计数器调整示意图

（3）左偏航限位触发设定。维护人员正对凸轮计数器的齿轮面，顺时针旋转尼龙齿轮，旋转过程中应随时观察 PLC 控制器检测的偏航位置角度。当偏航位置角度值在 870°~900°之间时，停止旋转齿轮。维护人员通过一字螺丝刀，调节凸轮计数器的 1#螺钉，使对应的左偏凸轮开始旋转，当凸轮将左偏航反馈触点触发时会听到动作声音，此时停止旋转。

（4）右偏航限位触发设定方式同左偏航限位设定方式相同。维护人员正对凸轮计数器的齿轮面，逆时针旋转齿轮，旋转过程中应实时观察偏航位置的变化。当偏航位置在-870°~900°时，停止旋转。通过一字螺丝刀调节 2#螺钉，使对应的右偏航凸轮顶点旋转，当凸轮将右偏航反馈触点触发时会听到动作声音，此时停止旋转。

（5）将凸轮计数器的锁定螺钉旋紧，旋转齿轮直至 PLC 控制器显示偏航位置为零。将凸轮计数器盖紧外壳，安装回原位。

四、风向仪和风速标

（一）风速仪和风向标的作用

风速仪主要作用是测量外界的风速，将其采集得到的数据输入至 PLC 控制器，以便控制机组启停、功率曲线计算等功能。风向标主要作用是采集风向，将其采集得到风向角度传送到 PLC 控制器，与机组偏航位置角度所形成的夹角进行计算。如存在角度差，PLC 控制器可控制偏航系统工作，叶轮对准风向。

为了更高的测量准确度，风速仪、风向标会安装在机舱罩外的测风支架上，固定在机舱罩外壳的最高处，在传感器的周围放置避雷针保护期间不受雷击的危险，见图 4-31、图 4-32。

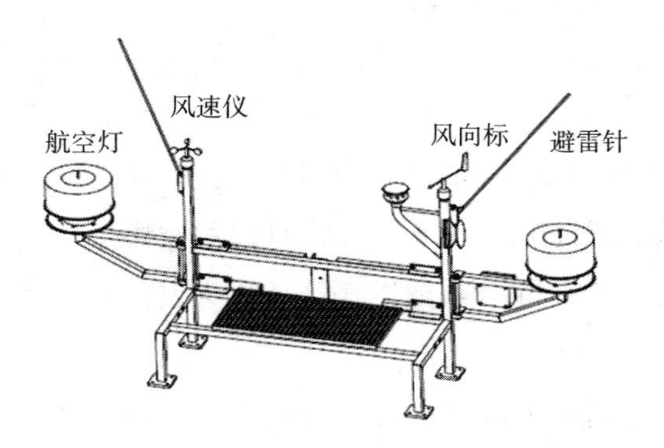

图 4-31　测风支架

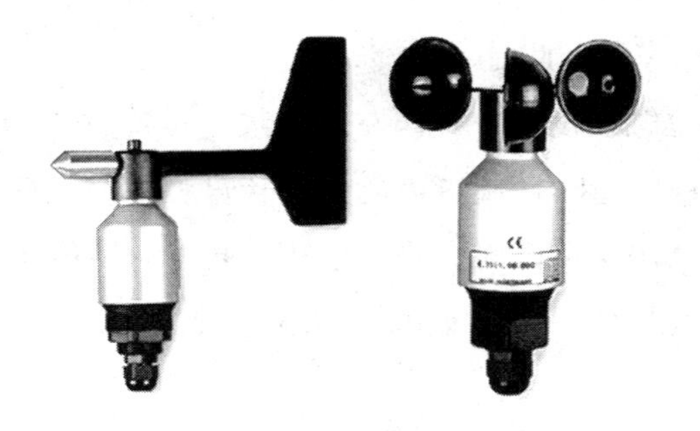

图 4-32　风向标和风速仪

风速仪和风向标的参数，见表 4-5。

表 4-5　风速仪和风向标的参数

参数	风向标	风速仪
测量范围	0～360°	0. 7～50 m/s
精确度	<±2%	±2%
分辨率	5. 6°	< 0. 02 m/s
起始值	< 0. 7 °	< 0. 7 m/s
输出	0（4）…20 mA＝0…360°最大负载：600 Ω	0（4）…20 mA＝0…50 m/s 最大负载：600 Ω
应用范围	温度：－30～＋70°C；风速 0～60 m/s	

（二）风向标、风速仪的维护方法

1. 维护注意事项

因风速仪和风向表在机舱外，维护时需要出机舱，应特别注意以下事项。

（1）当现场风速超过 12 m/s 时，不允许出舱操作。

（2）如风速满足条件可出舱操作，但必须穿安全衣和系安全绳，并确保安全绳挂点牢固可靠。

（3）维护工作必须两人以上，机舱内的人员应协助机舱外人员的工作，并确保其安全，如关注天气和风速变化，观察安全设备是否牢固可靠等。

（4）在拆卸安装过程中握紧元件或工具，防止意外掉落塔架。

（5）设备更换中，应确保柜内电源已经断开，用万用表检测确认无电后再进行操作。

2. 风向标的测试方法

风向标机身上标有“S”线（即180°）和“N”线（即0或360°）标识，通过手动分别调整风向标指向为0°（或360°）、90°、180°和270°，与主控面板显示风向标数据是否一致。以此来核对风向标数据是否正确。

风向标一般正对叶轮时为180°。如发现对风不正确，旋松风向标底座螺栓重新调整风向标机身标识“S”线正对机头，或“N”线正对机尾。如风向标正对叶轮时为0°，则需将风向标机身的“N”线正对机头，S线正对机尾。调整完毕后固定底座螺栓。

3. 风速仪的测试方法

用手拨动风速仪旋转，与主控面板观察数据对比是否与实际一致。用手握住风速仪风杯，使其停止旋转，与主控面板对比风速是否为零。

4. 维护检查内容

（1）检查测风支架接地线是否牢固可靠，无生锈。若不牢固须对其进行需要紧固，防雷接地线无破损，如有需要做好绝缘防护。

（2）测风支架上的全部螺栓无生锈、松动。

（3）检查密封胶密封是否完好，有无进水现象，如有漏水情况，需要涂抹防水胶。

（4）风速仪和风向标外观正常，器件无缺失，无裂纹等，风向标和风速仪在旋转过程中无卡滞和异响，如果存在异常需要更换。

5. 更换方法

（1）拆掉的风向标、风速仪及其底座，拆掉连接电缆。

（2）更换新的风向标、风速仪，安装在底座上。安装完成后需要对风向标、风速仪调整。将风向标上的N线和S线调整为正对叶轮或机尾，可参考风向标的测试方法调整。

（3）将电缆穿入机舱内，安装连接电缆。在底座上固定4颗螺栓。

（4）将电缆从机舱柜下端的走线孔穿入。

（5）将风速仪、风向标的1、2号供电电源线缆接入避雷器A2的1、5号端口，1接5号端口，2接1号端口。

（6）将风速仪、风向标的5、6号加热器电源线缆接入到避雷器A3的1、5号端口，其中5接5号端口，6接1号端口。

（7）检查各个接线线缆有无虚接、短路情况，然后进行控制开关闭合。

五、振动开关

振动开关，又称为振动传感器，安装在机舱的底座主架构上，其外形像摆锤，金属连接到内部的开关上。当机舱摆动较大时，摆锤会倒下，并触发振动开关内的常闭开关，见图4-33。

振动开关的测试方法：手动触发振动开关，安全链继电器断开，机组报“机舱振动开关故障”、“安全链故障”，将振动开关恢复到原来位置，在机舱柜上按下复位按钮，对控制系统复位，故障消除表明传感器正常。

图4-33 振动开关

一般在测量机舱振动情况时，还依靠机舱加速度传感器。其与振动开关共同起到保护机组的作用。

机舱加速度主要用于检测机舱和塔架的低频振动情况，频率范围在0.1～10 Hz之间。可以同时测量垂直两个方向的加速度，即平面方向X和Y轴的加速度。一些风力发电机组还能够测量垂直轴风向的幅值，即 Z 轴方向，加速度的测量范围在-0.5~+0.5 g 之间。

加速度测得的数据为电压信号，输出信号与输出电压的关系：0~10 V 对应加速度值为-0.5~+0.5 g，其中信号电压为 5 V 时对应加速度值为 0 g。

六、接近开关

接近开关是一种无须与运动部件进行机械直接接触而可以检测的位置开关，当物体进入接近开关的感应范围内时，不需要机械接触及施加任何压力即可使开关动作，接近开关将直流电压信号传送给 PLC 控制器。接近开关分为电容式、电感式、霍尔式，其中风力发电机组中应用最广泛的为电感式。

电感式接近开关是以金属物体为对象设计的，是理想的电子开关量传感器，其组成为开关放大器、信号触发器和 LC 振荡器，产生高频交变电磁场。当金属检测体进入接近开关的感应区域，开关就能无接触，无压力、无火花、迅速地发出信号指令，可准确反应出运动机构的位置，在风电系统中可作为移动部件的定位判断、发电机转速测量、偏航位置速度测量等。见图 4-34、图 4-35。

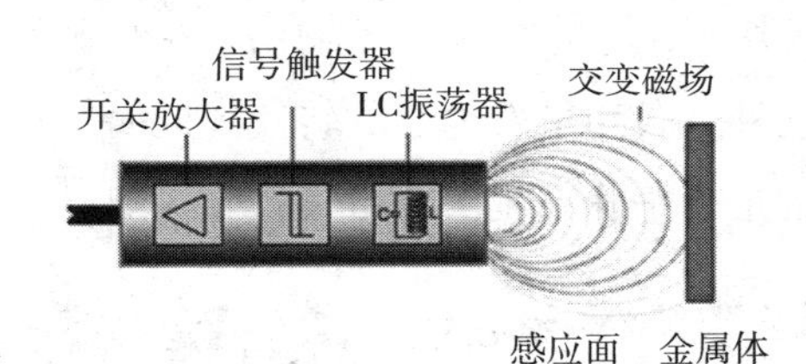

图 4-34　接近开关工作原理

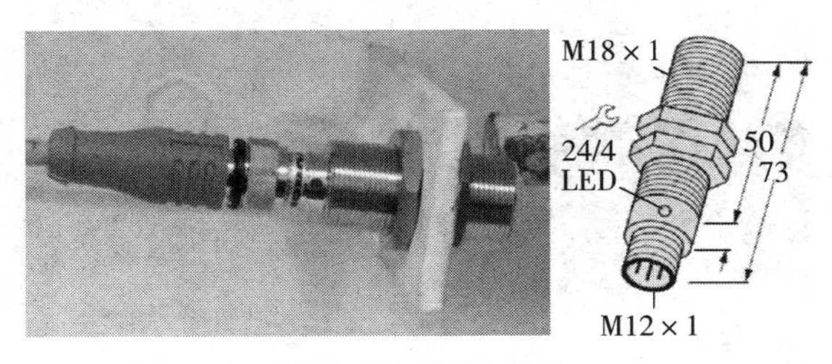

图 4-35　接近开关

接近开关接线采用三线制，分别为电源 24 V 和 0 V，信号 Singal 端口。当检测到金属后，指示灯（黄灯 LED）点亮，动作形态为闭合，并输出脉冲信号，当金属物体离开检测范围后，指示灯熄灭，动作形态变为常开。风力发电机组中的接近开关可以测量旋转部件的移动位置，利用这一特点，可检测金属物体的位置，通过数学转换，也可以检测转速的目的。

接近开关的感应距离因型号不同，检查的距离也不同，可以达到 2~30 mm 间不同的检测距离，一般风力发电机组中使用的接近开关为 5 mm，在维护中应将其设定距离在 2~3 mm 之间。如设定距离金属物体太近，可能造成被检测物体物理振动损坏接近开关。如设置较远，在检测过程中可能出现信号频繁中断，甚至无法起到检测作用。

接近开关安装在固定的位置孔内，使用两面螺栓紧固的方式固定。在日常维护中，除检查接近开关和被测金属物体的距离外，还需要检查螺栓是否紧固，以及接线柱是否紧固等。

七、转速测量模块

通过使用两个相互独立的接近开关，对同一个齿盘进行数齿来进行转速检测，接近开关输出是占空比 50%、峰峰值 24VDC 的频率信号，该频率信号送入一个过速测量模块，模块将两个电压模拟量输出至主控制系统，由主控制系统转换为叶轮转速，通过这种方式测量发电机的转速。同时，可以对比两路信号的差值，用于判断转速测量是否正确，见图 4-36。

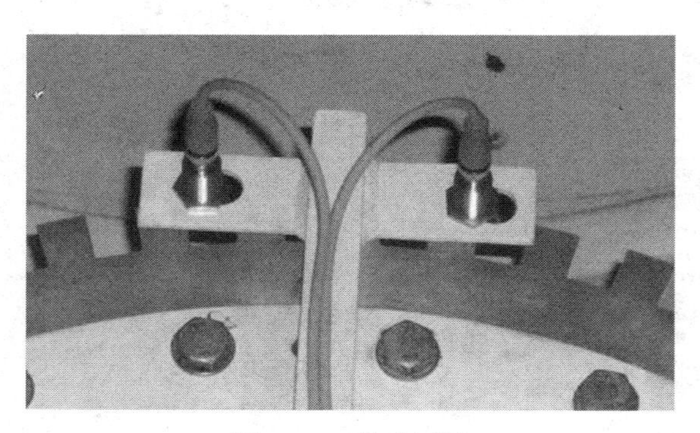

图 4-36　转速测量

当该转速超过风力发电机组设定的最高保护值时，风力发电机组会报出超速故障，引起系统安全链动作，机组停机保护。

转速测量模块的维护，主要是检测模块的接线是否牢固。转速模块外观无明显烧坏、破损的情况。

八、维护手柄

在机舱柜上有维护手柄可控制风力发电机组，上面的按钮包括偏航旋钮、启动按钮、停机按钮、变桨旋钮和维护刹车按钮。维护手柄和机舱柜通过一根长5m的线缆链接，可在距离机舱柜5m范围内位置进行操作，方便维护人员的操作，见图4-37。

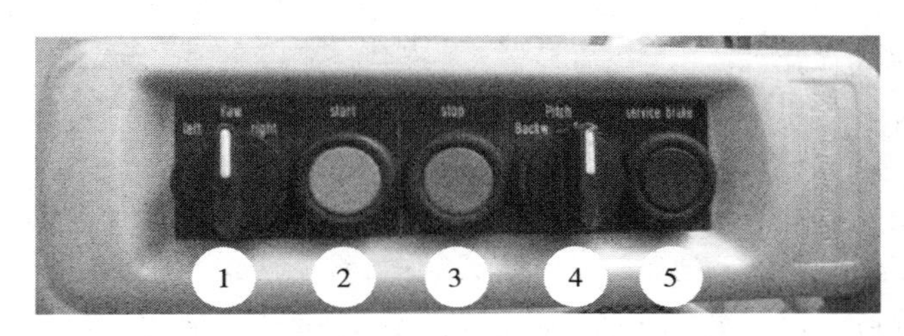

图4-37　维护手柄

1-偏航旋钮；2-启动按钮；3-停机按钮；4-变桨旋钮；5-维护刹车

1. 偏航旋钮

当机组在维护状态下，且偏航系统、液压系统未出现故障、机械失效损坏的情况时，可以通过机舱的维护手柄偏航旋钮健，人为控制机舱执行偏航动作。该控制旋钮有三个档位，处于左侧“left”位置时，可执行左偏航命令，处于右侧“right”位置时，可执行右偏航命令，处于中间位置时不执行任何命令。

2. 启动和停止按钮

维护手柄的启动和停止按钮，分别代表风力发电机组的启动和停止。同机舱柜上的启动、停止按钮作用相同。

3. 变桨旋钮

在机组处于维护状态下，变桨系统和主控系统均未出现任何故障和异常时，维护人员在机舱可以使用此旋钮人为控制三支叶片变桨，角度范围在55°~87°之间。该功能可以方便维护人员判断叶片变桨的动作状态。需要注意的是，叶轮变桨系统和叶片出现机械异常时，不可使用此变桨功能；叶片角度变小后，迎风会加速叶轮的旋转力矩和转速，叶轮转速如超过 0.5 转/分后，应避免叶轮刹车锁定，以防止制动器磨损和锁定销卡滞的情况发生。

4. **维护刹车**

在维护状态下，当维护人员需要锁定叶轮时，可以通过维护刹车按钮，液压系统会提供给叶轮刹车制动器压力，制动器抱闸后促使叶轮停止旋转，方便维护人员锁定叶轮。

九、提升机

1. **提升机的作用**

提升机的作用是吊运重物，当维护人员携带较大或较重的物品时，一般通过爬梯运送困难，可通过提升机将物体从塔底吊运到机舱内。

2. **提升机的分类**

风力发电机组中的提升机一般为链式提升机，见图 4-38，安装固定在机舱罩上位置不能变动，起到吊运重物的作用。另外一种为柱式旋臂提升机，即将原链式提升机悬挂在旋臂上使用。此旋臂可以在机舱空间内特定的角度内旋转，达到吊运重物目的同时，还可在机舱内起到拆卸安装重型器件的作用，见图 4-39。

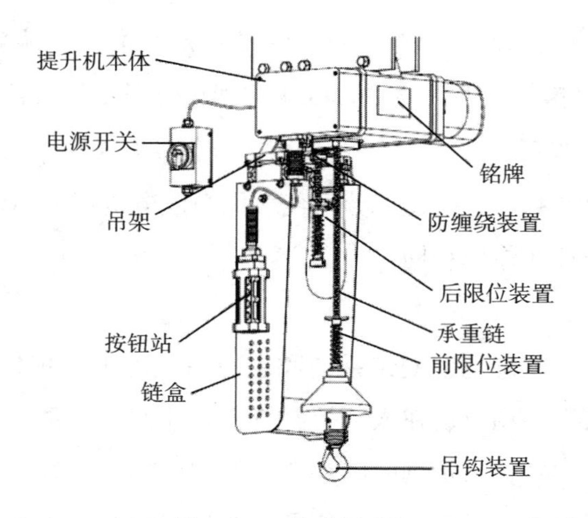

图 4-38　链式提升机

图 4-39　旋臂式提升机

3. 提升机操作的注意事项

（1）根据厂家和型号不同，提升机最大提升重量也不同，一般在为 350～500 kg之间。操作前，应确认其最大提升重量，只允许在此重量范围内起吊，严禁超重。

（2）在风速较大的情况下提升吊物时，叶轮对风方向应侧风 90°，且须用导向绳挂在吊钩上以稳定吊物，以避免提升的重物和链条碰撞塔架。

（3）在吊运过程中，吊物下严禁站人，以避免坠物伤人。提升机只允许提升物品不允许载人。

（4）维护人员操作提升机时，必须穿安全衣并用安全绳固定在机舱内可靠位置。

（5）严禁使用安全卡已经脱落或受损伤的吊钩。

（6）确认载物体位于链条正下方，严禁斜拉斜吊，损坏提升机导向件。

（7）严禁将绳索、扎带和铁丝等杂物拴结在链条上载物。

（8）严禁将链条直接缠绕在重物上起吊，以防损坏链条。

4. 提升机维护说明

操作时，先放下提升机护栏或保护绳索，人员站在安全范围内。

开启提升机电源，按下手柄“ON”开关闭合（绿色），按下操作手柄的上下键，可操作提升机链条上下运动。通过操作手柄的按钮实现吊物的提升或下降。

5. 提升机检查内容

（1）提升机盖板。提升机盖板应牢固、可靠，没有松动、裂纹和破损的情况。

（2）提升机功能测试。手柄按钮功能与提升机动作位置相符，启动或停止按钮按下后，提升机立即执行动作，反应灵敏。

（3）检查确保提升机与主平台，提升机上连接板与主支架，提升机上连接板与提升机的连接螺栓等无缺失、松动。

第六节　变桨系统电气维护

一、变桨系统介绍

变桨系统所有部件均安装在轮毂上，风力发电机组正常运行时变桨系统随轮毂以 10 转/分以上的速度旋转。叶片通过变桨轴承与轮毂相连，每个叶片都要有自己的相对独立的变桨驱动系统。变桨驱动系统通过变桨电机带动减速器上的小齿轮，与变桨轴承内齿啮合联动，或通过齿形带联动的方式，驱动叶片变桨。

机组正常运行期间，当风速超过机组额定风速时（由于叶轮直径不同，额定风速一般在 10~14 m/s 之间），为控制发电机功率输出，变桨调整的角度范围在 0°到 30°之间，根据风速的变化 PLC 控制器计算出最优叶片角度，由变桨驱动器自动调整，通过控制叶片的角度使风轮的转速保持恒定。任何情况引起的停机都会使叶片顺桨到 87°位置（当变桨系统出现急停故障时，叶片会顺桨到 92°限位位置）。

变桨系统的作用是根据风速的大小自动进行调整叶片与风向之间的夹角实现风轮对风力发电机有一个功率恒定的输出，利用空气动力学原理可以使桨叶顺桨 90°附近与风向平行，使风机停机。

二、变桨系统分类

叶轮三支叶片均配置一套独立变桨系统，厂家设计的形式不同，柜体结构不同，一般变桨系统由三至七个变桨柜体（箱体）组成。主要分为以下三种。

1. 三个柜体组成

变桨系统只有三个变桨柜体，其柜体大小、柜内布局、器件组成和功能均相同，控制方式上无主从之分。三个变桨柜均由主控 PLC 控制器控制，同时变桨，见图 4-40。

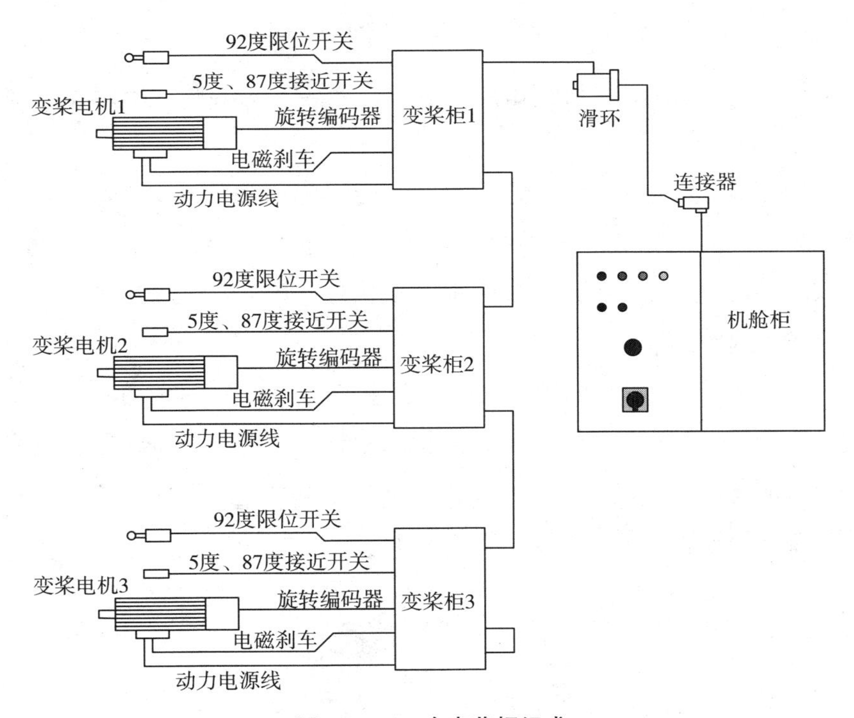

图 4-40　三个变桨柜组成

2. 六个柜体组成

三支叶片有三套独立的变桨系统组成，每支叶片都有一个柜体，为一柜两箱的结构。分为一个控制箱和一个备用电源箱组成。

备用电源存放在柜体的另一机箱内，与控制柜机箱分离。见图 4-41，右侧为备用电源机箱，左侧为控制箱。

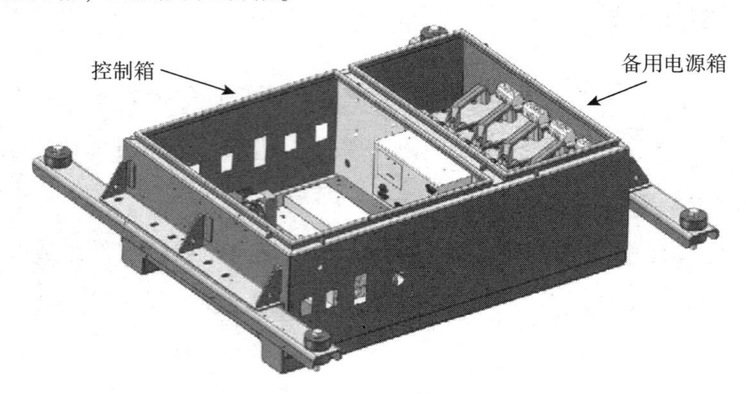

图 4-41　一柜两厢结构

三支叶片每个柜内部器件的组成、结构和功能均不相同，以控制模式分为一主柜两从柜。

主柜的作用主要负责与主控系统通信。向主控系统提供三支桨叶的桨距角度、变桨速度等信息。主控系统同时将控制信息传送给主柜，具体包括桨距位置、变桨速度和控制字等。主控系统与变桨从柜间传输信息，必须经过主柜中转。

3. **七个柜体组成**

在六个柜体的基础上，再增加一个中央控制柜，组成了七个柜体。将变桨控制器放置于变桨中央控制柜内。其主要作用是负责与主控系统通信，同时控制其它两个柜体的运行，控制叶片的位置。另外，中央充电单元安装在中央控制柜内，可控制备用电源的充电过程，见图 4-42。

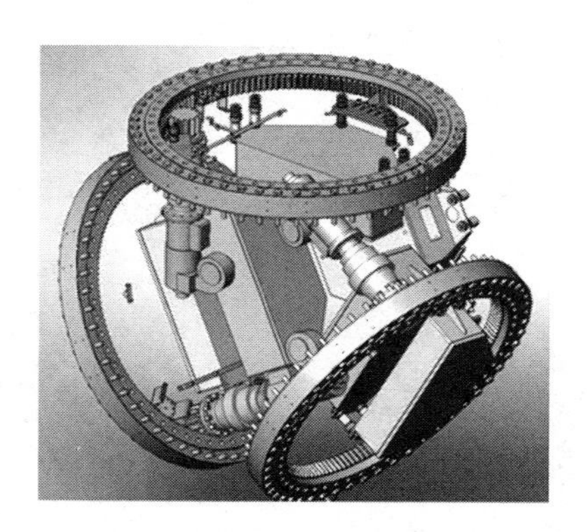

图 4-42　变桨柜体组成

三、变桨系统组成和工作原理

（一）变桨系统电气组成

变桨系统电气组成为变桨控制柜、限位开关、接近开关、变桨电机及其旋转编码器等。

其中，变桨控制柜内部器件主要有开关电源、备用电源（超级电容或备用电池）、变桨变频器、24 V 电源、PLC 控制器，见图 4-43。

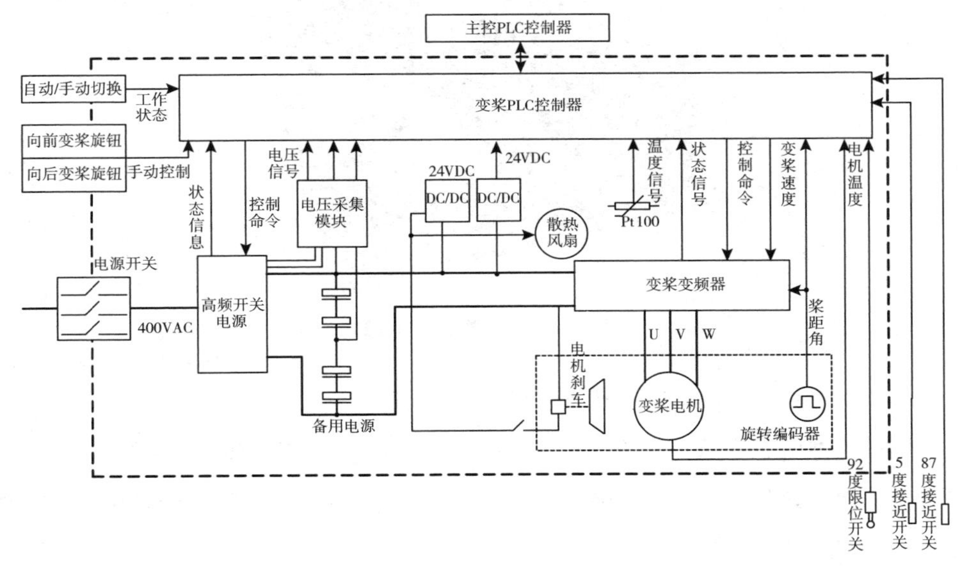

图 4-43　变桨系统原理图

变桨系统的工作原理，通过滑环 400 V 电源经过电源开关，送到变桨柜内的高频开关电源。高频开关电源将 400 V 交流三相电压转换为 60 V 直流的电压，送给备用电源和变桨逆变器等变频器将 60 V 交流电压逆变送给变桨电机，带动叶片变桨。

（二）元器件介绍和维护

1. 开关电源

变桨系统的电源一般为高频开关电源，见图 4-44。它是一种利用电力电子技术控制开关管开通和关断的时间比率，维持稳定输出电压的器件。开关电源一般由脉冲宽度调制（PWM）控制集成电路和MOSFET（场效应晶体管）构成。其功能是将电能质量较差的市电电源，转换成满足设备要求的质量较高的直流电压。一般性充电器控制，往往输出的电压影响超级电容或电池的寿命和性能，而高频开关电源通过AC/DC转换，再经过DC/DC的变换，解决了这一问题。它具有效率高、充电时间短、输出稳定性高，充电曲线好的特点。

图4-44　高频开关电源

开关电源的维护包括以下几点。

（1）检查电源指示灯，充电时LED灯显示红色，充电完成后显示绿色。

（2）检查缺相指示灯，如指示灯显示为红色，表明其中一路缺相，如显示黄色，表明正常。

（3）壳体外观检查，检查器件外表有无开裂、接线有无破损等。

（4）测量输出电压是否在正常范围内，一般型号不同，其输出电压也不同。

（5）器件的螺栓固定牢固、无缺失和松动的现象。

注意：对螺栓检查时应先将柜体断电，以防触电。即使柜体断电后，备用电源仍旧带电，存在电击的危险。

2. **变频器**

变频器是变桨系统的核心伺服驱动器，因长时间工作后会产生大量的热量，一般设计为穿墙式，散热器安装在柜体背面，在散热片上安装有散热风扇冷却降温。其内部集成了检测控制电路，实现位置、速度控制，见图4-45。

图 4-45　变频器

变频器的检查和维护包括：目测接线螺栓有无松动、短路放电痕迹；变频器的散热风扇有无卡死，风扇轴承上有无缠绕异物；可使用螺丝刀拨动散热风扇叶片，使风扇旋转，观察旋转中有无卡滞和异响。

注意：以上检查项目应在柜体断电的情况下操作。即使柜体断电后，备用电源仍旧带电，存在电击的危险。

3. 旋转编码器

(1) 旋转编码器介绍。旋转编码器，简称“旋编”，按照工作原理可分为增量式和绝对式两类，见图 4-46。

图 4-46　旋转编码器

每支叶片的变桨驱动系统均配有一个旋转编码器，安装在变桨电机的非驱动端（电机尾部）。为确保叶片采集角度正确，一般通过5°接近开关和92°限位开关，判断旋编检测的叶片角度是否正确，旋转编码器匹配对比。

市场上也存在另一种方式，变桨系统配置两个旋转编码器，分为主旋转编码器和冗余旋转编码器。其中，主旋编用于变桨系统的控制和计算。冗余旋编安装在叶片根部变桨轴承内齿旁，它通过一个小齿轮与变桨轴承内齿啮合联动记录变桨角度。它一般不参与变桨系统控制，主要起到对比角度的作用。如变桨电机尾部编码器失效时，变桨控制系统可采用冗余旋编的角度值，实现正常停机的作用，见图4-47。

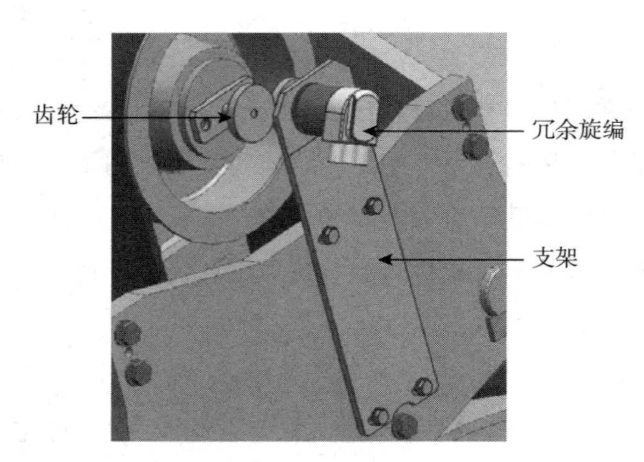

图4-47　冗余旋转编码器安装位置

主旋编在变桨电机内部，无法观察到，日常无须检查维护。而冗余旋编的检查主要包括，固定是否牢固，旋编通信线应固定可靠，无破损。可通过控制面板，对比两个旋编角度值，判断旋编采集角度值是否正常。

（2）旋转编码器的更换方法。更换注意事项如下。

①完成更换工作需要至少两人。

②人员在操作前，必须熟悉本各项要求，熟悉相关操作。

③更换工作完成后，要检查工具，清点所带工具齐全。

④清理叶轮内杂物，检查电缆绑扎是否牢固。

⑤变桨开关恢复正常，锁定柜门。

（3）操作前准备。

①将主控柜上的“停机/stop”按钮按下，机组进入停机状态。

②将主控柜右上方的维护钥匙旋向右方，就地监控面板显示“维护”。

③使用机舱手柄进行叶轮锁定，止退销完全旋入表明叶轮锁定成功。

④按下机舱柜门的急停按钮，打开进入轮毂的安全门。

⑤关闭变桨柜电源，电源按钮处于“off”状态，见图 4-48。

⑥将变桨柜侧盖内的“手动/自动”按钮转向手动“手动 manu”位置。

图 4-48　变桨电源开关

（4）旋转编码器的拆卸。拆卸变桨电机风罩（用 8 mm 开口扳手），打开风罩后电机内部见图4-49。

图 4-49　拆卸风扇

使用内六方拆卸变桨电机风扇，共 3 个螺栓。拆卸旋编的信号线插头、多余的扎带及旋编固定盘的 3 个螺栓（需要 3 mm 内六方），见图 4-50。

图 4-50　旋编固定盘

拆下旋编固定盘，并拆卸花键，旋松旋转编码器在固定盘上的固定螺栓（用 3 mm 内六方），取出旋转编码器。

（5）安装及清零。

①安装旋编，安装顺序与拆卸相反。

②对控制电缆进行绑扎固定。

③旋编测试，将 X43 端子排上 1、2 号端子用短接头短接，强制手动变桨分别向 0 度和 90 度方向点动变桨，确认变桨方向与实际动作方向保持一致。变桨角度到叶片机械零度，将变桨旋钮向”F”方向旋转，使叶片根部的 0 刻线与轮毂内侧的 0 刻线（黑线）对齐。

④旋转编码器清零，按照叶片零刻度校准操作。

⑤将变桨柜侧盖内的模式按钮转向“Auto”位置，叶片会快速自动顺桨。

4. **备用电源**

变桨系统的主电源供电失效后，迅速切换至备用电源，以确保机组发生严重故障或重大事故的情况下可以安全停机。市场上备用电源主要分为两种类型一种为超级电容，另一种为备用电池，见图 4-51。

图 4-51　超级电容

超级电容和电池都是能量的存储载体，但二者有不同的特点。电池是通过化学反应的方法来储能，超级电容通过介质分离正负电荷的方式储存能量，是物理方法储能。但在其储能的过程并不发生化学反应，这种储能过程是可逆的，也正因为此超级电容器可以反复充放电数十万次。超级电容采用活性炭材料制作成多孔电极，同时在相对的碳多孔电极之间充填电解质溶液，当在两端施加电压时，相对的多孔电极上分别聚集正负电子，而电解质溶液中的正负离子将由于电场作用分别聚集到与正负极板相对的界面上，从而形成两个集电层，相当于两个电容器串联。在实际使用时，可以通过串联或者并联以提高输出电压或电流，见图 4-52。

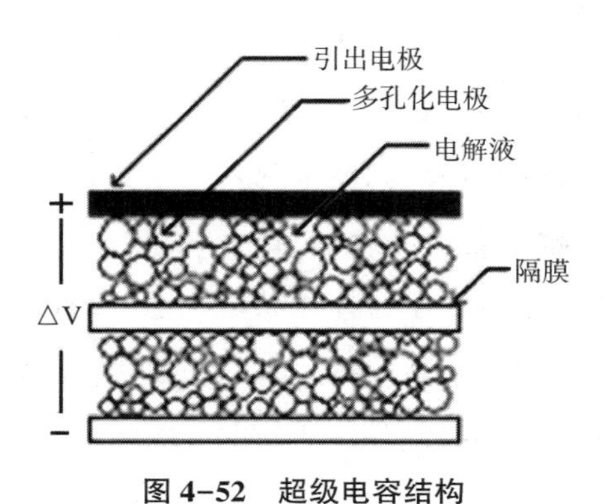

图 4-52　超级电容结构

超级电容组的参数见表 4-6。

表 4-6　超级电容组参数

额定电压	60 VDC
总存储能量	150 kJ
单组电容电压	16 VDC
总容量	125 F
连接方式	四组串联

超级电容主要有以下几个优点。

（1）高功率密度。超级电容器的内阻很小，并且在电极/溶液界面和电极材料本体内均能够实现电荷的快速贮存和释放，因而它的输出功率密度高达数千瓦每千克，是任何一个化学电源所无法比拟的，是一般蓄电池的数十倍。

（2）充放电循环寿命很长。超级电容器在充放电过程中没有发生碘化学反应，因而其循环寿命可达数万次以上，远比蓄电池的充放电循环寿命长。

（3）充电时间短。超级电容器最短可在几十秒内充电完毕，最长充电不过十几分钟，远快于蓄电池的充电时间。

妥善解决了贮存设备高比功率和高比能量输出之间的矛盾。一般来说，比能量高的贮能体系其比功率不高，而一个贮能体系的比功率高，则其比能量就不一定很高，许多电池体系就是如此。超级电容器可以提供 1~5 kW/kg 的高比功率的同时，其比能量可以达到 5~20 Wh/kg。将它与蓄电池组结合起来，可构成一个兼有高比能量和高比功率输出的贮能系统。

（4）贮存寿命长。超级电容器充电后，虽然也有微小的漏电流存在，但这种发生在电容器内部的离子或质子迁移运动是在电场的作用下产生的，并没有出现化学或电化学反应，没有产生新的物质，且所用的电极材料在相应的电解液中也是稳定的，因此超级电容器的贮存寿命几乎可以认为是永久的。

（5）高可靠性。超级电容器工作过程中没有运动部件，维护工作少，因此超级电容器的可靠性非常高。超级电容器的用途非常广泛，既可以应用于消费类电子产品领域，又可以应用于太阳能能源发电系统、智能电网系统、新能源汽车、工业节能系统和脉冲电源系统等领域。

每个叶片的变桨控制柜，都配备一套由超级电容组成的备用电源，超级电容储备的能量，在保证变桨控制柜内部电路正常工作的前提下，足以使叶片以7°/s的速率，从0°顺桨到90°。当来自滑环的电网电压掉电时，备用电源直接给变桨控制系统供电，仍可保证整套变桨电控系统正常工作。

超级电容的检查维护方法如下。

（1）通过控制面板界面观察超级电容电压是否为正常范围内60 VDC±1 VDC。

（2）断开机舱至滑环400 V供电，将变桨模式开关调节至手动状态，移除X22的2、3端子短接片至1、2端子，进入强制手动模式。

（3）断开其他两个柜体的电源开关，每次只允许对一个叶片变桨操作。

（4）手动向0度方向变桨，至0度后再变桨到45度，移除X22的1、2端子短接片至2、3端子，调节4S1至自动模式，变桨系统开始执行自动收桨动作，此时记录下变桨工作时间，变桨是否有足够能量使叶片顺桨至87度停机位置。如手动和自动变桨时，超级电容能量不满足叶片变桨收桨要求，应立即更换，更换时应四组整体更换。以上检查维护操作应至少6个月执行一次。

下面介绍一下备用电池的组成和维护。

（1）备用电池组成。变桨系统配有3个电池箱，每个电池箱装有3个电池组（串联连接），每个电池组由6块电池组成（串联连接）。电池箱的额定输出电压为216 VDC（12 VDC×18）。

（2）备用电池的维护。电池箱内的带电连接件上有可达248 V的直流电（电池组的额定电压为216 VDC，电池充电完成后电压可达248 VDC），对电池箱进行操作维护时要确保电池与接线端子间的连接中断，还要确保电池充电器没有在充电状态（断开中控箱的400 VAC进线电源）。

即使电池供电开关断开后，电池供电回路上仍然带有直流电。对电池进行操作与维护时，要断开轴箱上的主电源开关和电池供电开关及中控箱的主电源开关，并确保操作过程中这些开关不被闭合。

电池为密封式阀控铅酸蓄电池，不需要定期加补充酸液和水，所以也称其为“免维护”蓄电池，但并不表示其不需要其它常规维护。正确的使用和维护对提高蓄电池供电的可靠性、安全性及蓄电池的使用寿命非常重要。为了确保蓄电池的安全使用，蓄电池需要执行的常规检查及维护有以下几种。

①蓄电池的外观及接线检查。检查电池外观有无变形或严重发热，检查电池组及其连接导线是否连接牢固，有无腐蚀，并根据需要及时更换或紧固。

②清洁度检查。检查电池组（特别是电极处）是否干净、干燥，要及时清洁蓄电池外壳上的污渍，保持电池清洁干燥。清洁时，要使用干燥的抹布或无金属物的毛掸进行，防止漏电。

③检查电池箱的输出电压。电池组充完电后每个电池箱在空载的情况下的输出电压至少要达到216 VDC。

④检查电池组的电容量。目前，还没有简单可行的方法直接检查电池组的电容量，可以采用对比测量的方法检查电池组带动电机动作的运行时间来确定其电容量是否满足要求。测试前，先将电池组充满电，测量电池组带载运行的时间并做好对比记录。如果在规定的转动角度内电池供电变桨动作的时间较长（与电容量正常情况下的动作时间做对比），则电池的电容量可能已经减少，也可对比三个轴分别进行电池供电变桨在规定角度内的动作时间。如果动作时间有明显不同，则用时长的电池组容量可能已经减少，一旦确定某个电池箱内的电池组的容量已将减少，应立即进行更换（更换整个电池箱内的所有电池组）。操作维护人员有责任且必须保证风机正常运行时变桨系统电池组的功能正常性。以上检查及维护项目至少六个月执行一次。

⑤蓄电池的存储要求。蓄电池应在干燥、通风、阴凉的环境条件下停放或存储，严禁受潮、雨淋。避免蓄电池受阳光直射或其他热源影响导致的过热危害。避免蓄电池存放中受到外力机械损伤或自身跌落。由于温度对蓄电池自放电有影响，所以存放地点温度应尽可能低。储存蓄电池的存储空间必须清洁，并且进行适当维护。蓄电池储存期间应按要求补充电，见表4-7。

表4-7　蓄电池存储期间充电要求

存储期限	充电要求
小于2个月	无须补充电，直接使用
2~6个月	以250 V/电池箱，恒压充电48个小时
6~12个月	以250 V/电池箱，恒压充电96个小时

续表

存储期限	充电要求
12~24个月	以250 V/电池箱，恒压充电120个小时

注：蓄电池设备长期不用时，应与充电设备和负载断开连接。

5. 变桨电机

变桨电机内装有电磁刹车装置和冷却风扇，分别为电机提供制动和散热功能。目前，市场上主要使用交流异步电机和直流电机。

变桨直流电机电流幅值是根据桨叶位置给定和实际值之差以及电机的转速来控制。每个电机配有绝对值位置传感器，见图4-53。

变桨交流异步电机，变桨速率由变桨电机转速调节（通过逆变器改变供电的频率来控制电机的转速）。相比采用直流电机调速的变桨控制系统，在保证调速性能的前提下，避免了直流电机存在碳刷容易磨损，维护工作量大、成本增加的缺点。

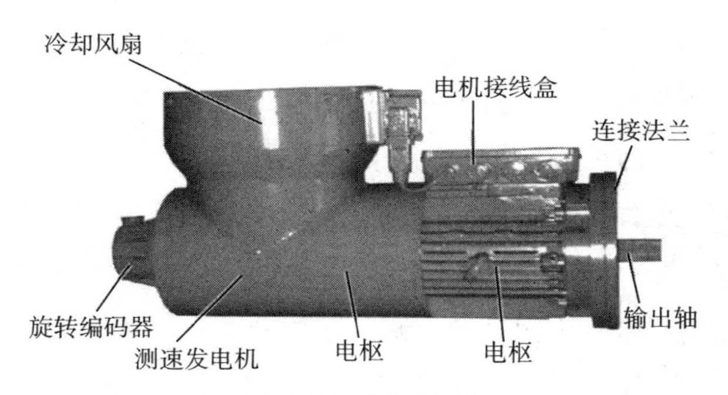

图4-53　直流电机

变桨电机维护时应注意以下几点。

（1）检查变桨电机表面是否有污物，并对其进行清洁。

（2）检查变桨电机防腐层有无破损、脱落现场，如有进行修补。

（3）检查变桨电机散热风扇及电缆的固定是否牢固，扇叶有无变形并清理灰尘。

（4）执行手动变桨方式，检查变桨电机运行过程中是否存在振动及噪音，观察变桨电机风扇运行期间有无卡滞和异响。

（5）检查电机电缆接线及插头是否牢固，接线盒是否松动，打开电机接线盒查看接线柱有无松动现象，如有需要对其进行紧固。

（6）检查旋转编码器与变桨电机连接是否牢固，如果松动需要紧固。

6. 限位开关传感器

正常停机过程时，叶片顺桨到 87 度接近开关位置。假如接近开关失效，为确保叶片的完全顺桨，叶片停机到 92 度限位开关被触发位置。-4°限位开关（如有）与 92°限位开关的调制方法如下。

（1）使用操作旋钮将 1#叶片变桨，通过主控控制面板观察变桨角度。当到达-4 度位置时，停止变桨。调整限位开关的滚轮在挡块斜面与平面形成的凸角位置，并触发限位开关传感器。观察主控制面板变桨限位开关的信号由高电平变为低电平表明限位开关触发。

（2）位置调正后，使用棘轮扳手、开口扳手、和内六角扳手紧固挡块和限位开关的固定螺丝。

（3）限位开关触发后无法继续手动变桨，需要使用 5～10 cm 的短接线将“-X100”的端子排 1、2 号端口短接。并使用手柄向 90°方向变桨，离开-4°位置，且限位开关不触发，主控制面板“1#变桨变频器 ENPO”信号从低电平变回高电平信号。此时，即可取出短接线，任意变桨。

（4）使用手柄继续向“Right”方向变桨，变桨至 92°停止。限位开关触发后，通过主控制面板“叶轮/变桨系统信号界面”内的“1#变桨变频器 DI5 状态”由高电平变为低电平表明触发，调整限位开关和挡块位置。与-4°限位开关不同，92°限位开关不用短接-X100 端子排 1、2 端子，而且限位开关触发时可以使用手柄变桨。

（5）2#、3#变桨清零与调节限位开关步骤与 1#操作相同。限位开关均调整完毕后，将变桨叶片角度变至 70°附近。将维护钥匙 7S4 由“Service”拨至“Auto”，按顺序进行断电上电，叶片自动顺桨到 87. 5°。限位开关角度调整误差均在±0. 5°范围以内。

四、变桨系统操作

1. 变桨系统工作模式

变桨系统的工作模式分为三种、自动变桨、手动变桨和强制手动变桨模式。变桨柜体上有三个开关，分别为 400 V 电源开关、手动/自动切换旋钮、0°/90°方向切换开关。通过操作开关改变变桨系统的工作模式，从而控制变桨系统运行，见表 4-8、图 4-54 和图 4-55。

表 4-8　变桨操作说明

标识	说明	标识	说明
Forward（F）/向前	操作此旋钮，将叶片向0°方向变桨	Manual（M）/手动	手动控制模式运行
Backward（B）/向后	操作此旋钮，将叶片向90°方向变桨	Auto（A）/自动	自动控制模式运行
ON	400 V 电源开关打开	OFF	400 V 电源开关关闭

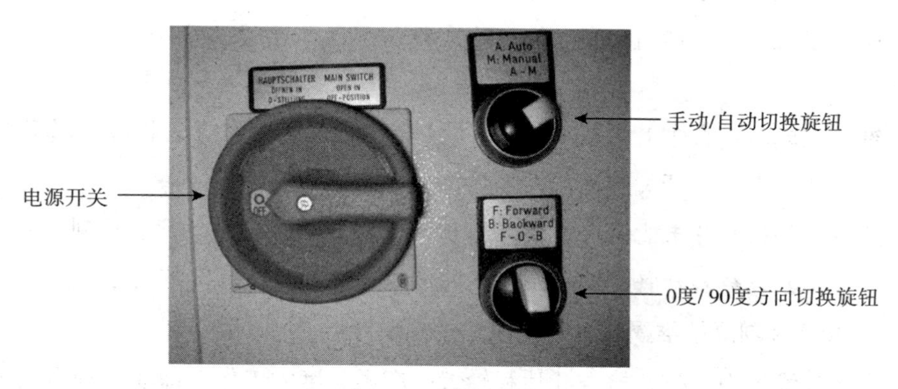

图 4-54　操作旋钮

（1）自动变桨模式。正常工作状态，主控程序控制。

（2）手动变桨模式。在对变桨系统维护操作时，当三支叶片中两只叶片的角度 86°以上，则第 3 只叶片可向 0°方向变桨，此模式下单只叶片的变桨范围限制在 92°~5°之间。

（3）强制手动变桨模式。在对变桨系统维护时，三支叶片均任意变桨，无叶片角度限制，无0°接近开关和92°限位开关的限制，在叶片支架、齿形带等机械条件满足的情况下均可以自由变桨。

在手动模式中，若需维护某支叶片，如朝0°方向变桨，其桨距角不能小于5°，如朝90°方向变桨，当触发限位开关后，变桨停止。若需继续变桨，可采取切换为强制手动变桨模式。强制手动模式时，叶片角度不被限制，操作不当将对机械部件产生损害。

变桨柜体上有三个开关，分别为400 V电源开关、手动/自动切换旋钮、0°/90°方向切换开关。通过操作开关改变变桨系统的工作模式，从而控制变桨系统运行，见表4-7、图4-53。

2. 手动变桨模式操作方法

（1）在变桨柜体上将“手动/自动切换旋钮”由“A”位置旋到“M”位置，即手动变桨模式状态。

（2）操作0°/90°方向切换开关，可将叶片旋转角度。

（3）为防止误操作，手动操作完毕长时间不使用这一功能时，将在变桨柜400 V电源开关旋到“Off ”位置。

（4）若要转到新的位置，将主开关旋到“On”位置，并按上述步骤转动叶片。

维护完成后：将主开关旋到“On”位置；靠手动操作方式将叶片转到顺桨位置；在变桨柜上将开关旋到“A”位置。

注意：如果叶片未能完全转到顺桨位置，将开关从“M”位置旋到“A”位置后，控制系统会自动将叶片进一步旋转顺桨位置，维护人员不要靠近。

3. 叶片零刻度校准操作

在叶片维护中，需要检查叶片和轮毂校准零刻度的工作，即变桨轴承的零刻度线与叶片零刻度线应在同一个位置。如两者之间有偏差超过正负0.3°，需要执行零刻度的校准操作。

（1）首先确定三个变桨柜位置。在柜体上标注有柜体编号分别为：1#控制柜、2#控制柜和3#控制柜。可对1#柜开始操作，将其他变桨柜电源开关断开，以防止对单支叶片操作中，误触发另外两支变桨柜传感器，造成变桨动作。

（2）将1#变桨柜“手动/自动切换旋钮”由“A”位置旋到“M”位置。

（3）取出x11号8、9号端子的短接片，将其插入5、6号端子位置，并确认牢固，然后将手动状态改为强制手动状态，见图4-55。

图4-55　强制手动模式选择

（4）操作0°/90°方向切换开关，将其保持在“F”位置。此时，叶片开始向0°变桨。变桨速度为1°/s。

（5）达到约零度时停止，不断调整叶片角度，将叶片零刻度与轮毂的零刻度线对准后，见图4-56。使用短接线将24 VDC端子与X3：14端子短接3秒钟，执行主旋编和冗余旋编一并清零。通过主控面板观察叶片角度，如果变桨主旋编角度和冗余旋编角度为“0”，表明清零成功。清零完毕后断开短接线，并将其固定牢固。

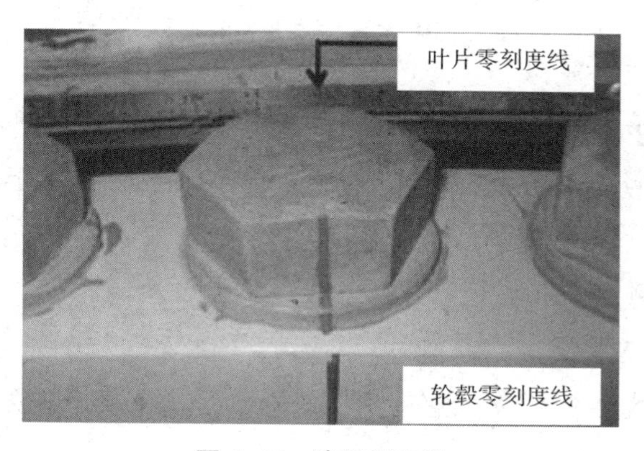

图4-56　清零刻度线

（6）限位开关调整步骤。操作0°/90°方向切换开关，将其保持在“B”位置，通过主控控制面板观察叶片角度，达到5°时，停止变桨。调整接近开关与挡块距离，调整位置适当，防止接近开关被挡块撞断。观察主控制面板5°接近开关信号由低电平变为高电平表明接近开关触发，且接近开关传感器尾部指示灯点亮。位置调正后，使用开口扳手紧固挡块和接近开关的固定螺丝。

（7）操作0°/90°方向切换开关，将其保持在“B”位置，离开5°位置，且接近开关不触发，信号从高电平变回低电平信号。

（8）继续变桨至92°停止。限位开关触发后，通过主控制面板显示该信号由高电平变为低电平表明触发，调整限位开关的滚轮在挡块斜面与平面形成的凸角处触发，调整位置适当，防止限位开关被挡块撞断。位置调正后，使用棘轮扳手、开口扳手、和内六角扳手紧固挡块和限位开关的固定螺丝，见图4–57。

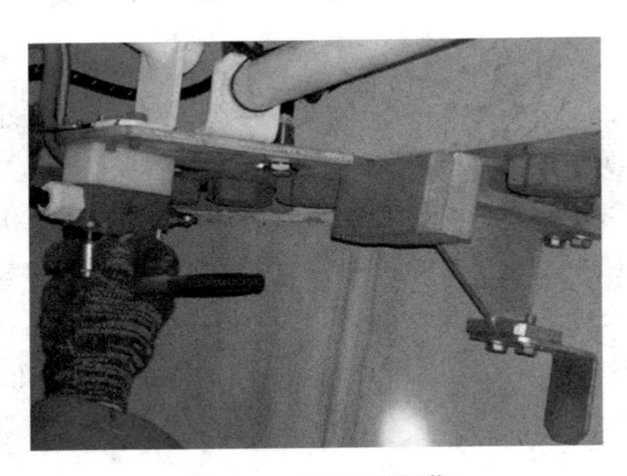

图4–57 限位开关调节

2#、3#变桨清零与调节限位开关步骤与1#操作相同。在此不再介绍。限位开关均调整完毕后，将变桨叶片角度变至70°附近。将在变桨柜上手动/自动切换开关旋到“A”位置，叶片自动顺桨到87°左右。

注意：限位开关角度调整误差均在±0.5°范围以内。

4. 检查维护内容

（1）检查变桨控制柜支架连接螺栓、限位开关、接近开关及所有附件连接螺栓是否松动。

（2）检查变桨柜外观，表面有无裂纹，防腐层有无破损，如有应立即修复。

（3）检查柜门锁是否完好，柜门密封性检查。

（4）检查变桨控制柜体接地电缆与接地极的连接是否牢固，变桨驱动器接线柱螺栓是否牢固，并紧固连接螺栓。

（5）检查各散热器过滤棉有无污损或破损，并及时清理或更换。

（6）检查所有继电器、接触器、断路器和端子排接线是否松动，内部线缆尤其是充电器、变桨驱动器和超级电容间（或备用电池组）线缆固定是否牢固。

（7）检查与变桨柜相连接的电缆固定牢固，绝缘层是否有磨损、开裂现象，插头固定牢固无松动现象。如有上述现象应立即处理或更换。

（8）检查变桨柜弹性支撑无裂纹和磨损严重现象，如有应立即更换弹性支撑。

（9）变桨功能测试，测试手动变桨与自动变桨功能是否正常，检查旋转编码器、温度传感器等信号是否正常。

（10）检查限位开关、位置传感器等信号是否正常，如不正常进行重新调整。

（11）测试变桨柜加热器、变桨柜散热和充电器散热是否正常。

思考题

1. 风力发电机组运行系统有几种逻辑状态？它们之间是如何切换的？
2. 主控柜门上的控制按钮和状态指示灯的作用分别是什么？
3. 请简述变流器柜内 IGBT 模块的更换方法。
4. 冷却系统如何补液操作，请简要描述。
5. 机舱位置传感器的调整方法是什么？
6. 如何对叶片零刻度校准进行操作？

参考文献

[1] 徐大平,柳亦兵,吕跃刚. 风力发电原理[M]. 北京:机械工业出版社,2011.

[2] 邵联合. 风力发电机组运行维护与调试[M]. 北京:化学工业出版社,2011.

[3] 霍志红. 风力发电机组控制技术[M]. 北京:中国水利水电出版社,2010.

[4] 叶杭冶. 风力发电机组的控制技术[M]. 北京:机械工业出版社,2006.

[5] 赵国良. 维修电工[M]. 北京:中国劳动社会保障出版社,2007.